ENVIRONMENTAL POLICY AND AIR POLLUTION IN CHINA

GOVERNANCE AND STRATEGY

大气污染治理的中国策略

徐 袁 著

科 学 出 版 社

北 京

图字号：01-2022-6753

Environmental Policy and Air Pollution in China：Governance and Strategy by Yuan Xu

ISBN：978-1-138-32232-5

图书在版编目（CIP）数据

大气污染治理的中国策略／徐袁著、译．北京：科学出版社，2024.6.
ISBN 978-7-03-078967-9

Ⅰ．X51

中国国家版本馆 CIP 数据核字第 2024P61X52 号

责任编辑：周　杰／责任校对：樊雅琼
责任印制：徐晓晨／封面设计：无极书装

科　学　出　版　社 出版
北京东黄城根北街 16 号
邮政编码：100717
http://www.sciencep.com
北京中科印刷有限公司印刷
科学出版社发行　各地新华书店经销

＊

2024 年 6 月第　一　版　开本：720×1000　1/16
2024 年 6 月第一次印刷　印张：12 3/4
字数：257 000
定价：120.00 元
（如有印装质量问题，我社负责调换）

前　　言

中国读起来令人费解。

经过短暂的过渡期，中国于 1978 年 12 月进入改革开放时代，四十多年来经济规模猛增了 30 多倍。经济发展有很多好处，但这种快速增长也给环境带来了巨大的压力。中国的环境问题是多方面的，涉及空气、水、土壤、生态系统和气候变化等。

环境质量显著改善在短期内并不容易实现。作为一项公共产品，环境保护需要政府的有效干预。对中国而言相关法律还正在逐渐健全的过程中，政府治理质量的全球排名一直明显低于发达国家。从历史经验看，发达国家的环境质量首先随着经济增长而恶化，然后才逐渐从根本上改善。它们的经历表明中国的环境危机也在意料之中，但他国的解决方案却难以在中国被复制。

然而，中国过去十五年发生的变化令人惊讶，因为其环境质量变化的轨迹偏离了危机继续恶化的预测。二氧化硫（SO_2）是一种对空气质量影响重大但很难控制的空气污染物。自 21 世纪 00 年代中期达到峰值以来，中国的二氧化硫排放量一直在下降，并且在过去几年中呈加速下降态势，达到了四十多年来从未有过的低点。庞大的燃煤发电行业普遍安装和运行脱硫设施，以减少污染物的排放。在中国其他环保和可再生能源领域也出现了类似的理想结果。然而，尽管环境政策一直在改善和加强，从政府治理的角度来看，中国似乎并没有发生根本性变化。法律在环境保护方面仍然没有发挥重大的直接作用。政策制定过程缺乏透明度和公众参与，而政策失误并不罕见。政策执行仍然存在相当大的问题，而且往往是有选择性的。

本书旨在提供一种理论解读，解释中国如何在法制还未健全的情况下实现深度和持续的污染减排，探讨上文所述的有利结果和不利路径之间的因果关系。主要的关注点是，为什么两者在中国经常同时出现，或者传统的研究是否在解读中国时遗漏了一些重要的东西，是否所谓的不利路径实际上对于好的结果做了决定性的正面贡献。中国的环保策略在本书中被理论化为以目标为中心的治理。中国在全国目标设定方面高度集中，在目标实现、政策制定和实施方面高度分散。与法制已经较健全的发达国家所体现的基于规则的治理不同，中国将目标放在首位，只要能够实现目标，政策制定和执行方面的偏差是可以容忍的。减排轨迹不是集中规划好的，而是通过集中目标下的自下而上的分散演变过程逐渐形成的。换言之，中国之谜应该主要从其治理策略的角度来解释，而不是个别政策的成败。策略错误往往比任何政策失败更具破坏性和深远影响，而有效的策略可以容忍一定的政策偏差，而不会损害最终结果。

这本书的研究和思考持续了十几年。当我在 2007 年左右第一次开始研究中国的二氧化硫减排措施时，假设环境危机的根源在于政策失败，更根本的是缺乏基于规则的治理。然而，接下来发生的环境危机扭转使我重新思考这种因果关系，尤其是 2010 年以后中国的减排步伐加速的时候。作为一名前物理学人，我希望能找到一个对中国路径的理论解释，这个解释应该像一个方程那样简单而内涵丰富。本书中对以目标为中心的治理讨论反映了这种新的理论尝试。

徐袁

2020 年 7 月 18 日于未圆湖畔

致　　谢

　　我欠了很多人一大笔债。这本书特别献给 Robert H. Socolow 教授，他是我在普林斯顿大学伍德罗·威尔逊公共与国际事务学院（Woodrow Wilson School of Public and International Affairs）做博士论文时的导师。他对我的启发在我的研究之旅中至关重要。这本书的大部分内容和思想都可以溯源至我十多年前读博士时的研究。我还要感谢 Robert H. Williams，Denise L. Mauzerall，Eric D. Larson，琚诒光（Yiguang Ju），邹至庄（Gregory C. Chow），Edward S. Steinfeld，Richard K. Lester 和林健枝（Kin-Che Lam），他们对我的支持及提出的见解对于延续和启发这项研究至关重要。我还要感谢许多调研中的受访者，他们友好地分享了知识。我感谢 Routledge 出版社的 Matthew Shobbrook 编辑。

　　我的妻子宋婧和我们的两个孩子徐安澜和宋安滔是我研究的永恒动力来源。我的父母袁美兰和徐倚才，以及岳父母宋梅玉和宋长法，为我付出了耐心并提供了无条件的支持。我家人的支持使这项工作的完成成为可能，尤其是在持续的新型冠状病毒感染大流行的背景下。

　　过去十几年，普林斯顿大学、麻省理工学院、香港中文大学和香港研究资助局（14654016）为这项研究提供了不间断的资助。

说　　明

经过许可，本书的部分内容对作者已发表的几篇期刊文章进行了改写，包括 XU，Y. 2011. The use of a goal for SO_2 mitigation planning and management in China's 11th Five-Year Plan. *Journal of Environmental Planning and Management*, 54，769-783.［in Chapter 4；Copyright（2011）Taylor & Francis］；XU，Y. 2011. Improvements in the Operation of SO_2 Scrubbers in China's Coal Power Plants. *Environmental Science & Technology*, 45，380-385.［in Chapter 6；Copyright（2011）American Chemical Society］；XU，Y. 2011. China's Functioning Market for Sulfur Dioxide Scrubbing Technologies. *Environmental Science & Technology*, 45，9161-9167.［in Chapter 7；Copyright（2011）American Chemical Society］；XU，Y. 2013. Comparative Advantage Strategy for Rapid Pollution Mitigation in China. *Environmental Science & Technology*, 47，9596-9603.［in Chapter 7；Copyright（2013）American Chemical Society］。许多内容都经过修订和扩充。

目　　录

第一章　　　　绪　　论

第一节　中国的环境危机

中国面临着多方面严峻的环境挑战，其中不少环境指标曾处于危机水平。其环境恶化与治理已在学术研究以及媒体报道中得到广泛记录和分析。中国现在是世界上最大的能源消费国、供应国，也是大多数主要空气和水污染物以及各种温室气体的最大排放国。加上中国东部的高密度人口和经济活动，中国在 180 个国家和地区的环境绩效指数中排名靠后，曾是世界空气污染最严重的几个国家之一（Wendling et al.，2018）（图 1.1）。

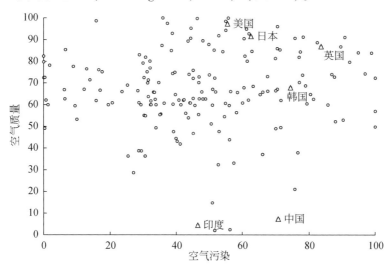

图 1.1　基准年的环境绩效指数（Wendling et al.，2018）

x 轴上的"空气污染"是指二氧化硫（SO_2）和氮氧化物（NO_x）排放强度，基准年是 2006 年。y 轴的"空气质量"指示家用固体燃料（基准年：2005 年）、$PM_{2.5}$ 暴露量和 $PM_{2.5}$ 超标率（基准年：2008 年）

空气和水污染无疑给中国造成了严重的损失。近几十年来，中国在显著减少与水相关的环境因素和室内空气污染导致的过早死亡方面取得了稳步进展，但环境颗粒物（particulate matter，PM）污染却一直在恶化。全球疾病负担研究详细阐述了各国死亡的原因和风险因素（Institute for Health Metrics and Evaluation，2018）。1990 年，中国占全球人口的 22.2%，2017 年尽管绝对人口增长了 18.0%，这一比例却下降到 18.5%。因环境风险因素导致的过早死亡中，固体燃料造成的室内空气污染方面 1990 年中国占到世界的 29.2%，而不安全的水和卫生设施方面占 4.6%（图 1.2）。换句话说，与世界平均水平相比，一个中国人因这两种风险而过早死亡的可能性平均高出 31.5% 以及减少 79.3%；2017 年，这两个比例分别大幅下降至 16.5% 和 0.6%，使中国人过早死亡的可能性分别降低 10.6% 和 96.8%。按绝对值计算，它们分别减少了 65.7% 和 92.5%。然而，环境颗粒物污染在 1990 年导致 40.4 万人过早死亡，在 2017 年造成 85.2 万人过早死亡，增加了一倍多。其间，其全球占比从 23.0% 攀升至 29.0%。2000 年以后室内空气污染被环境颗粒物污染所取代，后者导致了更多的过早死亡。与中国占全球人口的比例相比，1990 年中

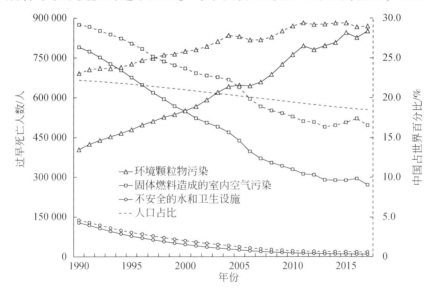

图 1.2　全球疾病负担研究中中国因空气和水污染导致的过早死亡

（Institute for Health Metrics and Evaluation，2018）

实线表示人口的绝对数字（左 y 轴），虚线表示中国在世界上的占比（右 y 轴）

国平均面临的环境颗粒物污染风险仅略高于世界平均水平 3.8%，但在 2017 年高于世界平均水平 56.9%。

污染对健康影响的另一个衡量标准是伤残调整生命年（DALY），它量化了由于过早死亡和疾病而损失的"健康"寿命年数。对应人口的预期寿命、年龄和其他情况，不同国家不同类型环境污染导致的过早死亡和疾病千差万别。相对于空气污染而言，水污染造成的 DALY 与过早死亡之间的比率要高得多。例如，2017 年，由于环境颗粒物污染、固体燃料造成的室内空气污染以及不安全的水、卫生设施和洗手，中国分别损失了 1980 万、646 万和 85 万 DALY。这三项 DALY 与过早死亡之间的相应比值分别为 23.3、23.8 和 89.0，表明水污染对平均病例的健康影响更为严重。

然而，DALY 的指标并没有改变上文分析过早死亡时得出的结论（图 1.3）。中国在治理室内空气污染和水污染方面也取得了实质性进展，相关 DALY 分别降低了 77.3% 和 92.0%，而环境颗粒物污染造成的 DALY 增加了 47.3%，同样凸显了其恶化的趋势。就中国在世界的占比而言，环境颗粒物污染仍然是三者中唯一超过其人口比例的风险因素，在 2017 年占到世界总量的

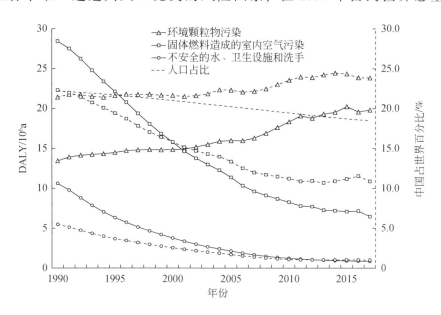

图 1.3　全球疾病负担研究中中国因空气和水污染导致的 DALY

（Institute for Health Metrics and Evaluation，2018）

23.8%。三种环境风险因素造成的 DALY 中，环境颗粒物污染的占比从 1990 年的 25.6% 上升到 2017 年的 73.0%。因此，中国的环境污染越来越受到空气污染，尤其是颗粒物污染的支配。

由于 DALY 损失，生活在这些环境风险中的中国人平均每年失去大量健康生命日。1990 年，固体燃料造成的室内空气污染是中国最严重的环境风险，平均每人损失了 8.7 个伤残调整生命日（DALD），而环境颗粒物污染以及不安全的水、卫生设施和洗手造成的损害分别为每人 4.1 DALD 和 3.2 DALD（图 1.4）。换句话说，由于这三个空气和水污染风险因素，中国人在 1990 年平均损失了 16.0 DALD。2017 年，环境颗粒物污染成为最严重的环境风险因素，平均每人损失 5.1 DALD，比 27 年前多了 1.0 DALD，而另外两个环境风险在过去几十年中经历了显著改善，使得 2017 年的总损失降为 7.0 DALD。

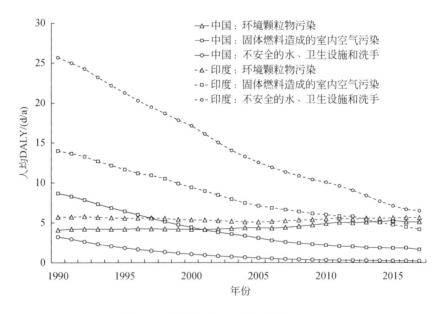

图 1.4 中国和印度每人每年的 DALD

(Institute for Health Metrics and Evaluation，2018)

在不同环境风险随时间演化的差异方面，中国的经历并不独特。印度也有类似的路径，环境颗粒物污染在环境保护中的相对重要性也日益增长。印度的环境颗粒物污染造成的绝对损害多年来基本保持稳定，在 1990 年和 2017 年分别为每人 5.7 DALD 和 5.6 DALD。尽管固体燃料造成的室内空气污染在

2017 年造成的健康损害仍然更大，但其稳步下降的趋势表明，环境颗粒物污染也将很快成为三种环境风险中最具破坏性的（图 1.4）。

第二节 中国二氧化硫排放量的预期上升与减排的非预期成功

过去的四十年里，中国工业化的进程迅速推进。在经济快速发展、能源消费上升和煤炭主导地位的背景下，通过发达国家的经验可以预期中国的环境危机。

经济发展与环境质量之间的经验关系并没有预测到中国在十多年前就能够或愿意降低污染物排放并改善空气质量。环境库兹涅茨曲线–收入水平和环境质量之间的经验倒 U 形关系预测在一个国家变得足够富裕并达到一定的收入水平（或人均 GDP）之前，其环境质量将持续恶化（Grossman and Krueger，1995）。2018 年，中国以购买力平价计算的人均 GDP 为 16 100 美元（2011 年不变价格美元），国际货币基金组织预计到 2024 年将升至 22 200 美元，而 1980 年美国的水平为 29 100 美元（图 1.5）。换句话说，就经济发展状况而言，中国落后美国约五十年。研究显示，二氧化硫排放量的最低转折

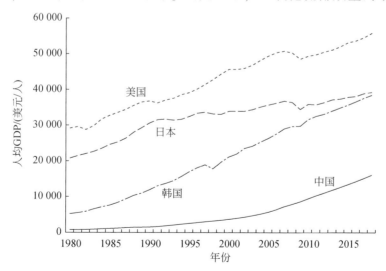

图 1.5 中国、韩国、日本和美国的人均购买力平价 GDP（IMF，2019）

2011 年不变价格美元

点约为 3000 美元（1990 年不变价格美元、名义汇率）（Stern and Common，2001）。2008 年中国人均 GDP 价值仅超过 3000 美元（IMF，2019），仍远低于经验值最低转折点。

此外，作为公共产品，环境质量的改善非常依赖环境治理。在世界银行定期发布的世界各国六项治理指标中，中国相对而言表现不佳（Kaufmann and Kraay，2019）。这些指标的得分在 -2.5（最差）和 2.5（最佳）之间，用来量化排名治理绩效。在"发言权和问责制"指标方面，中国的得分一直明显低于美国和印度等国家，三国 1996—2018 年的平均得分分别为 -1.58，1.18 和 0.42（Kaufmann and Kraay，2019）（图 1.6）。这表明中国公民直接参与政府决策的能力较弱。在"政治稳定和无暴力/恐怖主义"方面，中国得分为 -0.44，优于印度的 -1.13，但较美国的 0.48 差。"政府效力"指标衡量的是公共服务的提供以及决策和执行的质量。这是中国表现最好的治理指标，也是中国唯一一个得分在正值区间的指标，平均为 0.09，并且从 1996 年的

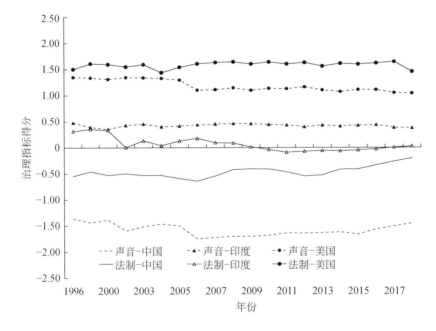

图 1.6　中国、印度和美国的治理指标（Kaufmann and Kraay，2019）

"声音"：声音和问责制反映了对一国公民参与政府选择的程度以及言论自由、结社自由和媒体自由的看法。"法制"：反映对代理人信任和遵守社会规则程度的看法，特别是合同执行、财产权、警察和法院的质量，以及犯罪与暴力的可能性

−0.35 持续提高到 2018 年的 0.48 （Kaufmann and Kraay，2019）。尽管如此，中国仍然远远落后于 2018 年得分为 1.58 的美国。在"法制"指标方面，中国表现不佳，平均得分为 −0.46，远低于美国的 1.58 和印度的 0.07 （图 1.6）。尽管中国从 1996 年的 −0.55 到 2018 年的 −0.20 有显著进展，但始终处于负值区域。在"腐败"指标上中国进展甚微，得分一直很低，平均为 −0.41，低于美国的 1.47 和印度的 −0.38 （Kaufmann and Kraay，2019）。中国在以"法制指标"为重点的"监管质量"方面表现也不佳。1996−2018 年美国的平均得分为 1.51，远优于中国的 −0.25 及印度的 −0.36 （Kaufmann and Kraay，2019）。这些治理指标定量衡量一个国家治理的各个方面，以便能够进行国际和年际比较。作为市场失灵要求政府干预的经典例子，缺乏有效的治理，环境保护目标就不可能实现。然而，六项治理指标中没有一项可以明确预期中国政府能够可持续、有效且高效地制定和实施环境政策与法律。

十多年前，由于经济发展水平不高、政府治理不完善以及能源消费带来的环境压力不断上升，中国环境质量改善的希望渺茫。二氧化硫是主要的空气污染物之一，也是第一个被明确纳入国家五年计划环境治理的空气污染物（National People's Congress，2006）。从 20 世纪 80 年代到 21 世纪初，二氧化硫排放量增加了一倍多，验证了上述预期（图 1.7）。然而，2006 年以来的二氧化硫排放轨迹（图 1.7）显示，有些措施已经奏效。多个不同来源的数据都指向同一个趋势：中国的二氧化硫排放量在过去十多年中已经快速下降（Li et al.，2017；Zheng et al.，2018；Lu et al.，2011；Crippa et al.，2018；Fioletov et al.，2019；National Statistics Bureau and Ministry of Ecology and Environment，2019）。尽管不同统计数据在二氧化硫排放峰值和具体年份方面仍不完全一致，仍然可以确定中国已经完全消除了过去四十年伴随其前所未有的经济增长而来的所有额外二氧化硫排放（图 1.7）。自 1978 年改革开放以来，中国经济总量增长了 30 多倍，但二氧化硫排放量反而减少了（图 1.7）。中国花了不到十年的时间就减排了之前增加的二氧化硫排放量。

随着能源消费的快速电气化和电力行业在煤炭消费中所占比例的不断增加，电力行业在决定中国二氧化硫减排轨迹方面变得越来越重要。1980 年，电力二氧化硫排放量的占比仅为 22.5%，低于工业部门的 50.0% 和住宅部门的 23.5%（图 1.8）。其相对重要性较低的原因是电力部门在煤炭消费中的占

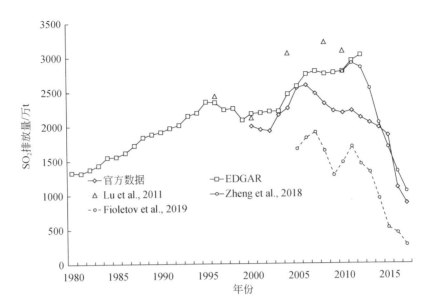

图 1.7 中国二氧化硫排放量（Zheng et al.，2018；Lu et al.，2011；
Crippa et al.，2018；Fioletov et al.，2019；National Statistics Bureau
and Ministry of Ecology and Environment，2019）

来自 Fioletov 等（2019）的数据是指大型发电厂，而其他数据则指全部排放

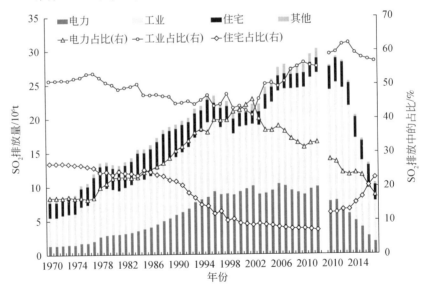

图 1.8 中国各行业二氧化硫排放量（Crippa et al.，2018；Zheng et al.，2018）

1970–2012 年数据来自 EDGAR，2010–2017 年数据引自 Zheng et al.，2018

比较低，为20.2%（图1.9）。在随后的二十年中，电力部门的SO₂排放占比不断攀升，2002年达到峰值45.7%，超过了工业和住宅部门的占比（图1.8），同时其煤炭消费占比为52.2%（图1.9）。然而，这两条轨迹之后开始彼此偏离（图1.9）。2017年，电力行业消耗了中国煤炭的57.3%，但仅占二氧化硫排放量的17.4%（图1.8）。工业和住宅部门的占比分别反弹至56.8%和22.6%。因此，电力行业现在消耗一个单位煤炭的二氧化硫排放比工业和住宅部门少得多。

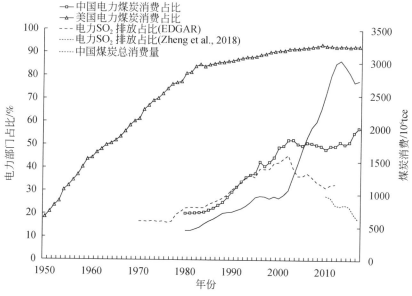

图1.9　中国和美国电力行业煤炭消费和二氧化硫排放占比

（EIA，2019；Fridley and Lu，2016；National Bureau of Statistics，2019）

虽然能源转型有利于控制煤炭消费和减少二氧化硫排放，但中国的煤炭消费量仍处于较高水平，近年来仅略有下降（图1.9）。中国二氧化硫绝对排放量的下降大多是因为单位煤炭消耗量的二氧化硫排放大幅降低，其电力部门去除二氧化硫的高效率也反映在燃煤发电的二氧化硫排放强度上。自美国1990年《〈清洁空气法〉修正案》颁布以来，其二氧化硫总排放量从1990年的2090万t大幅减少到2018年的248万t（图1.10）。美国电力行业一直是二氧化硫排放最大的贡献者，其排放量在同一时期从1440万t下降到119万t，占比从68.9%下降到47.8%。美国电力部门比中国高得多的占比反映了其在美国煤炭消耗中的高占比（图1.9）。

参照美国取得的经验，中国的二氧化硫减排轨迹显得更加陡峭。1990年，为了生产1kW·h的燃煤电力，美国排放了8.4g二氧化硫，而中国的这一比例高出58.3%，即13.3g。根据独立排放清单数据计算，2017年美国燃煤发电二氧化硫排放强度降至约0.96g，而中国约为0.41g，比美国低了56.9%（图1.10）。

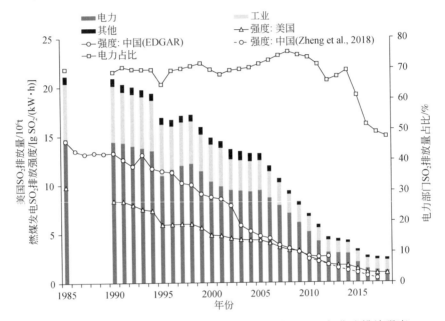

图1.10　美国二氧化硫排放量及中国和美国燃煤发电二氧化硫排放强度

（Crippa et al.，2018；Zheng et al.，2018；BP，2019；U.S. EPA，2019）

第三节　本书的组织结构

发达国家的经验和理论无法有效解释中国的减排路径。在经济基础薄弱、环保技术和产业不成熟等诸多不利条件下，为什么中国能够以如此惊人的速度有效地减少污染物排放？本书着重分析中国在燃煤发电领域如何突破二氧化硫减排的实证预期，旨在为理解中国如何组织和实施环境治理提供战略层面的解释。

本书还试图以此为案例，探讨中国的治理策略。中国政府治理的观察家们经常有两极分化的观点，而且双方似乎都有足够的支持证据。无论双方的焦点是什么，其中都充满了困惑和争议。中国在过去四十年中取得了许多了不起且超出预期的成就，居民收入和生活水平大大提高，国家基础设施大幅改善，社会安全网更加广泛和牢固，贫困问题也得到了根本解决。中国在可再生能源开发和新能源汽车技术方面处于世界领先地位。因此，主要关注结果的一方认为中国的政府治理很有效，是值得其他国家仿效的范例。主要关注过程的一方则认为，中国的政府治理存在很多根本问题和困境。那么我们又应该如何解释中国政府治理的不足与取得的成就之间的关联？这两种对中国政府治理的两极分化基本结论之间能否调和？过程和结果是否存在因果关系？中国如何通过似乎如此不利的治理路径来实现这些有利的结果？最重要的是，中国是否遵循了与发达国家不同的治理模式，从而削弱了许多以发达国家历史经验为基础而发展出来的理论的解释？我们是否要修正这些理论和解释来增强其普遍的适用性？

本书的组织结构如下。第二至第四章探讨中国政府环境保护治理的组织。其中，第二章探讨环境保护的政治意愿在中央层面是如何演变的。第三章从不同角度讨论中国的环境治理组织结构，该结构在不同方面既有高度的集中又有高度的分散。分析的重点是生态环境部的历史沿革以及中央和地方政府之间的关系。第四章研究环境保护政治意愿如何从中央政府传递到地方政府，使得在法制还有待进一步完善的背景下有效动员地方政府来积极保护环境。以五年计划/规划中二氧化硫减排和其他环境治理目标为主要关注点，分析环境治理以目标为中心的组织架构。本书将中国的治理战略称为以目标为中心的治理体系，其特点是集中式的目标设定和分散式的目标实现。

第五至第七章分析中国以目标为中心的治理体系的影响。其中，第五章侧重于二氧化硫减排政策的分散式制定。这种集中式目标和政策制定权力下放结合的形式产生了深刻的影响，包括积极的决策、创新和竞争，但也伴随许多政策缺陷。中国的政府治理的目的是保证最终政策目标能够实现。因此，对实施过程中出现偏差的容忍大大降低了对决策质量、政策工具选择和政策间协调的要求，而这些要求在发达国家以规则为基础的治理体系中至关重要。第六章探讨这种以目标为中心的治理体系如何对分散的政策实施产生影响。地方政府在不利的初始情况下，逐步且持续地改进环境政策执行的能力、效力和效率，以达到其既定目标。第七章分析中国如何突破脱硫设施的供应瓶颈，建立自给自足的脱硫产业行业来满足飙升的需求。分散的市场实体能够在以目标为中心的治理体系中积极寻求和抓住市场机会，从而在环境保护和经济发展方面可以更好地产生协同作用并减少冲突。

本书的第八章总结并进一步系统讨论以目标为中心的治理体系。这一理论框架能合理解释中国治理过程与结果之间的因果关联。以规则为基础的治理体系是法制健全的国家应用的主要策略，其强调高质量的政策设计、优化的政策工具选择以及政策间的良好协调，而主要的政策通常是由集中的立法机构制定的，但其最终治理结果不那么明确且目标只起到间接次要作用。相比之下，以目标为中心的治理体系强调集中式目标作为首要目的，而政策的制定和执行是相对次要和间接的，单一政策的重要性相对较弱，从而更能容忍政策缺陷以及给予分散性政策制定和执行更加宽松的要求。在中国特定的经济发展水平和政府治理能力的背景下，以目标为中心的治理体系不仅对减排二氧化硫有效，而且很可能对其他重要的政府事务也发挥了积极的作用。中国在二氧化碳减排方面也采用了同样的治理体系。这种治理体系或许可帮助其他国家解决其自身的重大公共问题。

参 考 文 献

Barrett, S. & Graddy, K. 2000. Freedom, growth, and the environment. *Environment and Development Economics*, 5, 433-456.

Beeson, M. 2010. The coming of environmental authoritarianism. *Environmental Politics*, 19, 276-294.

BP. 2019. *Statistical review of world energy* [Online]. Available: https://www.bp.com/content/dam/bp/business-sites/en/global/corporate/pdfs/energy-economics/statistical-review/bp-stats-review-2019-full-report.pdf.

Buitenzorgy, M & Mol, A. P. J. 2011. Does democracy lead to a better environment? Deforestation and the democratic transition peak. *Environmental & Resource Economics*, 48, 59-70.

Congleton, R. D. 1992. Political-institutions and pollution-control. *Review of Economics and Statistics*, 74, 412-421.

Crippa, M., Guizzardi, D., Muntean, M., Schaaf, E., Dentener, F., Van Aardenne, J. A., Monni, S., Doering, U., Olivier, J. G. J., Pagliari, V. & Janssens-Maenhout, G. 2018. Gridded emissions of air pollutants for the period 1970-2012 within Edgar v4.3.2. *Earth System*

Science Data, 10, 1987-2013.

Downey, L. & Strife, S. 2010. Inequality, democracy, and the environment. *Organization & Environment*, 23, 155-188.

EIA. 2019. *International energy statistics*. Washington, DC: U. S. Energy Information Administration.

Fioletov, V., McLinden, C., Krotkov, N., Li, C., Leonard, P., Joiner, J. & Carn, S. 2019. *Multi-satellite air quality sulfur dioxide (SO₂) database long-term L4 global V1*. Goddard Earth Science Data and Information Services Center (GES DISC) [Online]. Available: https://disc. gsfc. nasa. gov/datasets/MSAQSO2L4_ 1/summary.

Fridley, D. & Lu, H. 2016. *China energy databook version 9. 0*. Berkeley, CA: Lawrence Berkeley National Laboratory.

Grossman, G. M. & Krueger, A. B. 1995. Economic-growth and the environment. *Quarterly Journal of Economics*, 110, 353-377.

Hagene, T. 2010. Everyday political practices, democracy and the environment in a native village in Mexico city. *Political Geography*, 29, 209-219.

IMF. 2019. *World economic outlook database October 2019* [Online]. Available: https://www. imf. org/en/Publications/SPROLLs/world-economic-outlook-databases#sort = % 40imfdate% 20descending.

Institute for Health Metrics and Evaluation. 2018. *Global burden of disease (GBD) 2017 study* [Online]. Available: https://www. thelancet. com/journals/lancet/article/PIIS0140-6736 (18) 32279-7/fulltext.

Kaufmann, D. & Kraay, A. 2019. *The worldwide governance indicators 2019 update: Aggregate governance indicators 1996-2018* [Online]. Available: https://papers. ssrn. com/sol3/papers. cfm? abstract_ id=1682130.

Li, C., McLinden, C., Fioletov, V., Krotkov, N., Carn, S., Joiner, J., Streets, D., He, H., Ren, X. R., Li, Z. Q. & Dickerson, R. R. 2017. India is overtaking China as the world's largest emitter of anthropogenic sulfur dioxide. *Scientific Reports*, 7.

Li, Q. &Reuveny, R. 2006. Democracy and environmental degradation. *International Studies Quarterly*, 50, 935-956.

Lu, Z., Zhang, Q. & Streets, D. G. 2011. Sulfur dioxide and primary carbonaceous aerosol emissions in China and India, 1996-2010. *Atmospheric Chemistry and Physics*, 11, 9839-9864.

Marshall, M. G., Gurr, T. R. & Jaggers, K. 2019. *Polity IV project: Political regime characteristics and transitions, 1800-2018*. Center for Systemic Peace [Online]. Available: http://www. columbia. edu/acis/eds/data_ search/1080. html.

Midlarsky, M. I. 1998. Democracy and the environment: An empirical assessment. *Journal of Peace Research*, 35, 341-361.

National Bureau of Statistics. 2019. *China statistical yearbook*. Beijing, China: China Statistics Press.

National People's Congress. 2006. *The outline of the national 11th five-year plan on economic and social development*. Beijing, China: The 4th Conference of the 10th National People's Congress.

National Statistics Bureau & Ministry of Ecology and Environment. 2019. *China statistical yearbook on environment 2018*. Beijing, China: China Statistics Press.

Neumayer, E. 2002. Do democracies exhibit stronger international environmental commitment? A cross-country analysis. *Journal of Peace Research*, 39, 139-164.

Njeru, J. 2010. 'Defying' democratization and environmental protection in Kenya: The case of Karura forest reserve in Nairobi. *Political Geography*, 29, 333-342.

Payne, R. A. 1995. Freedom and the environment. *Journal of Democracy*, 6, 41-55.

Pellegrini, L. & Gerlagh, R. 2006. Corruption, democracy, and environmental policy- an empirical contribution to the debate. *The Journal of Environment & Development*, 15, 332-354.

Stern, D. I. & Common, M. S. 2001. Is there an environmental Kuznets curve for sulfur? *Journal of Environmental Economics and Management*, 41, 162-178.

Sundberg, J. 2003. Conservation and democratization: Constituting citizenship in the Maya biosphere reserve, Guatemala. *Political Geography*, 22, 715-740.

Torras, M. & Boyce, J. K. 1998. Income, inequality, and pollution: A reassessment of the environmental Kuznets curve. *Ecological Economics*, 25, 147-160.

U. S. EPA. 2019. *Air pollutant emissions trends data: Criteria pollutants national tier 1 for 1970-2018*. Washington, DC: U. S. EPA.

Walker, P. A. 1999. Democracy and environment: Congruencies and contradictions in Southern Africa. *Political Geography*, 18, 257-284.

Wendling, Z. A., Emerson, J. W., Esty, D. C., Levy, M. A., De Sherbinin, A. et al. 2018. *2018 environmental performance index*. New Haven, CT: Yale Center for Environmental Law & Policy.

Winslow, M. 2005. Is democracy good for the environment? *Journal of Environmental Planning and Management*, 48, 771-783.

Zheng, B., Tong, D., Li, M., Liu, F., Hong, C. P., Geng, G. N., Li, H. Y., Li, X., Peng, L. Q., Qi, J., Yan, L., Zhang, Y. X., Zhao, H. Y., Zheng, Y. X., He, K. B. & Zhang, Q. 2018. Trends in China's anthropogenic emissions since 2010 as the consequence of clean air actions. *Atmospheric Chemistry and Physics*, 18, 14095-14111.

第二章　政治意愿

第一节　集中的政治意愿

在众多的政府事务中，哪些可以成为国家优先事项，这些决策在中国语境中高度集中，体现了与发达国家不同的路径。

中国共产党在决定环境保护的重要性方面拥有巨大的权威。党与政府紧密交织在一起，又各司其职。党做出关键决策，政府承担几乎所有的实施任务。虽然党员队伍庞大，分为多个层次，但权力在很大程度上是向上集中的。总书记习近平在中国政府中担任国家主席一职，而总理领导着中国政府。这种制度确保了许多事务如环境保护在政府事务中的优先级以及重大环境目标的设定。中国政府特别是环境管理部门，主要负责环境政策的制定和实施，以保证既定目标如期实现。

本章主要论述自 1998 年中国共产党第十五届中央委员会成立以来环境保护的政治意愿是如何演变的。第三章将进一步探讨中国政府为落实政治意愿而实施的环境治理。

第二节　经济、就业和环境（1998-2002 年）

1998-2002 年是中国共产党第十五届中央委员会的主要任期。虽然中国的环境污染已经达到很高的水平，但更紧迫问题的存在减弱了环境保护的政治意愿。经济发展速度的降低也减缓了能源消费的增长，导致"九五"计划时期（1996-2000 年）的二氧化硫排放量下降（图 1.7）。

中国经济当时仍处于工业化初期，而 1997 年的亚洲金融危机对中国造成了沉重打击。与前几年（1992–1997 年）相比，国内生产总值年均增长率从 11.8% 大幅下降到 8.3%（图 2.1）。人均 GDP 仍处于较低水平，1998 年为 3185 美元（购买力平价，2011 年不变价格美元），2002 年为 4276 美元，分别为美国的 7.4% 和 9.3%（图 1.5）。创造就业机会比 GDP 增长更重要。正如第三章将要介绍的，1998 年见证了中国以国有企业为重点对象的几项意义深远的根本性改革，更加明确了国家与市场之间的界限。这些国有企业中有许多都出现亏损且人员严重过剩现象，运作更像政府机构而不是以市场为导向的实体。中国金融业特别是国有银行的坏账水平极高。这一时期见证了国有中小企业的大规模私有化和破产，尤其在第二产业。从 1998 年到 2002 年，第二产业减少了 870 万个工作岗位，反映了大规模改革的短期阵痛（图 2.1）。第二和第三产业加在一起每年总共增加了 330 万个就业岗位。15–64 岁年龄组迅速扩大，表明每年进入劳动力市场的人数远远多于离开劳动力队伍的人数（图 2.2）。第一产业在 1998–2002 年增加了 1800 万个就业岗位，意味着很多城市失业者返回了农村地区（图 2.1）。中国的就业和人口结构当时仍然由第一产业和农村地区主导。第一产业在总就业中的比例稳定在

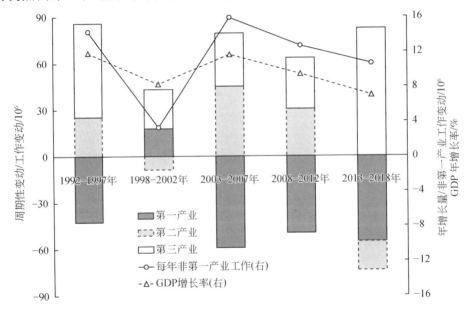

图 2.1　中国各部门就业变化和 GDP 增长率（National Bureau of Statistics，2019）

49.8% 至 50.1% 之间，而农村人口的比例从 1997 年的 68.1% 下降到 2002 年的 60.9%（图 2.2）。因为城市化和工业化水平不高，这种情况也显示了当时大多数中国人较少暴露于严重污染的城市空气中。

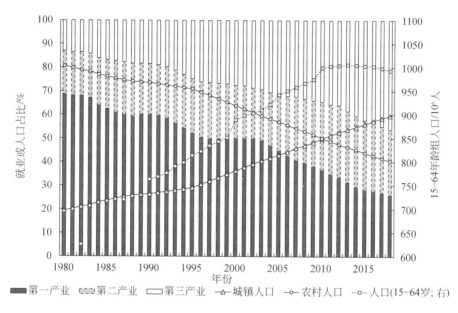

图 2.2　中国就业与人口结构（National Bureau of Statistics，2019）

从 1998-2002 年看，环境保护无论是在政府事务中，还是在社会上都处于次要位置。在亚洲金融危机之后，经济衰退与失业是更迫在眉睫和高度政治化的问题，环境保护未提上国家重要日程。同时，工业发展的减速也减缓了环境污染的恶化速度。

第三节　SARS 疫情与环境保护优先级的提高（2003-2012 年）

2003-2012 年，全国第二产业共新增就业岗位 7560 万个，第三产业新增 6730 万个，而第一产业就业岗位减少 1.087 亿个（图 2.1）。为了跟上劳动年龄人口的增长，非第一产业就业岗位的年增长量为 1430 万个，远远快于 1998-2002 年每年的 330 万个新增就业岗位（图 2.1）。2002 年，第一产业占全国总就业人数的 50.0%，2007 年在三个产业中占比仍然最高，占 40.8%。中国于 2001 年加入世界贸易组织，并进行了多项重大经济改革，经济、能源消费和污染空前增长。2008 年的全球金融危机确实对中国经济产生了巨大的负面影响，使其增速显著放缓。

环境保护开始成为全国优先的政府事务。"十一五"规划（2006－2010 年，第一次由计划改为规划）第一次明确将二氧化硫（SO_2）和化学需氧量（COD）排放量减排 10% 的目标（总量减排策略）纳入国家发展规划，而且中国在这段时期实际上成功应对了经济和能源消费快速增长带来的挑战，扭转了"十五"期间没有完成减排计划的挫败（图 1.7），实现了减排目标（National People's Congress，2011）。二氧化硫排放在接下来持续减少，表明环境保护的转折点发生在"十一五"时期（图 1.7）。

与其他事务比较，社会还未普遍重视环境保护，可能还没有准备好将环境保护放在优先的位置。例如，尽管空气污染形势严峻，但美国研究型咨询公司盖洛普（Gallup）2010 年的一项调查发现，只有 26% 的中国人对空气质量不满意（English，2010）。社会对污染减排的决心不足、支持不够，因而如果以社会为主，可能不会产生足够强烈的环保政治意愿。

因此，"十一五"规划中体现出来的强有力的环保政治意愿更多地反映了共产党最高领导层的意图。正如第四章将要详细研究的那样，在经历了"十五"计划环保目标的挫折后，最高领导层的直接参与对于制定"十一五"规划中的环境目标至关重要。

SARS（重症急性呼吸综合征）当时是一种新的传染病，恰好在 2002 年 11 月的这一过渡时期蔓延，在冬季变得日益具有破坏性（WHO，2003）。SARS 大流行的时间恰逢新的最高领导层在寻求一种新的治理思路。这场公共卫生危机让中国意识到公共产品与经济发展同等重要。过分强调后者实际上可能适得其反，导致经济增长缓慢。2003 年第二季度受到 SARS 事件的影响，中国经济遭受重创（Hai et al.，2004；Rawski，2005；Xu et al.，2009）。疫情结束、社会恢复正常后，逐渐形成了"科学发展观"的新思路，强调多方面的协调发展来实现"和谐社会"。环境保护是重视公共卫生的自然延伸，是这一新发展方向的关键组成部分。

最高领导层的权威和这种新治理思路密不可分。从这个角度来看，能否实现环境污染的显著改善及扭转环境恶化趋势变得更加政治化。这大大增强了最高领导层的政治意愿，开始将环境保护纳入关键政府事务的核心范围。换言之，尽管来自社会的压力在逐年增长，但是在"十一五"期间，环保政治意愿主要是自上而下而不是自下而上产生的。

重要的国际事件也对中国的环境保护起到了推动作用。为确保 2008 年 8 月第 29 届夏季奥运会期间北京的空气质量，中国关闭了北京几个邻近省份的多个污染工厂。同时，在此期间公众可以获取的环境信息越来越多，互联网在传播信息方面发挥了关键作用。美国驻华大使馆于 2008 年开始监测 $PM_{2.5}$ 水平；非政府组织，如 2006 年成立的 IPE（公共环境研究中心）开始系统地收集、宣传和向公众发布环境信息。

第四节　环境保护政治意愿的可持续性（2013 年至今）

2013 年起中国经济稳定且发展缓慢。2013 年至 2018 年中国的 GDP 年增长率为 7.0%，甚至低于亚洲金融危机后的水平。尽管如此，在新领导人上台之前，中国经济已经达到了更富裕的程度，自 2013 年以来的发展稳健有力。2002 年，中国的人均 GDP 为 4276 美元（购买力平价，2011 年不变价格美元），2012 年增至 11 049 美元，2018 年增至 16 098 美元（IMF，2019），分别相当于美国人均 GDP 的 9.3%、21.8% 和 28.8%。

这段时期中国的劳动年龄人口稳定在 10 亿左右（图 2.2），而新增加的非第一产业就业仍保持健康增长，每年新增 1070 万个就业岗位。在这六年中，第三产业共增加了 8250 万个就业岗位，而第二和第一产业分别净减少了 1850 万个和 5520 万个就业岗位（图 2.1）。与 1998-2002 年相比，中国劳动力没有返回农村地区的趋势。第三产业显著加速，占 2018 年就业人数的 46.3%，高于 2012 年的 36.1%（图 2.2）。2013 年，第一产业就业岗位占全部的 31.4%，2018 年进一步下降至 26.1%（图 2.2）。此外，中国的城市化速度很快，2013 年城市人口占 53.7%。2018 年，城镇化率进一步提高到 59.6%（图 2.1）。换句话说，中国就业和人口结构已经显著城市化，这也使更多的人暴露于污染的城市空气当中。

由于快速的经济发展和不断提高的生活水平，更多的人开始关注城市空气质量，环境保护与经济增长之间的平衡逐渐向前者倾斜。2013 年 1 月，华北地区出现了严重的雾霾天气，$PM_{2.5}$ 浓度达到危险水平（Wang et al.，2014）。尽管河北省的空气质量更差，但北京作为中国的首都吸引了更多国际和国内关注。空气质量开始被广泛认为是社会的一项关键需求。人们越来越愿意为了更好的环境而付出努力。

此外，环境保护也逐渐成为一个创造就业和经济产出的行业。中国政府的努力开始取得成果。中国的环境和可再生能源产业不仅在国内而且在国际上都颇具竞争力（Xu，2013；Zhu et al.，2019），已成长为推动中国持续改善环境质量的另一股社会力量。例如，中国现在拥有世界上最大的太阳能、风能和电动汽车产业。随着相关就业人数的增长和经济规模的扩大，它们越来越有能力平衡那些担心环境保护对其业务有负面影响的行业，如传统的高耗能和高污染行业。

在形成上述最高领导层的执政思路时，党中央逐步将环境保护提至国家战略高度。2012 年党的十八大强调了"生态文明"。2017 年的十九大将"人与自然和谐"列为要坚持的 14 项基本内容之一，主要包含"生态文明"和"两山论"（绿水青山就是金山银山）。以前在经济发展与环境保护的关系上，表述是不仅要"金山银山"，还要"绿水青山"。换句话说，这两者间有一种此消彼长的关系，所以要权衡与取舍。"两山"的新说法变成了"绿水青山就是金山银山"，即对环境质量的追求等同于经济发展。环境保护确实提供了满足经济发展和改善环境需求的机会，比如促进了以减轻污染或保护资源为理念的新工业的出现。环境保护政策在鼓励创新和经济转型方面也发挥了积极作用，详见第七章。

总的来说，在这一时期，党的最高领导层和社会都有优先改善环境质量的动力。环境保护日益政治化，形成了前所未有的污染减排政治意愿。国家层面不仅要保持经济增长，还要满足全社会对环境质量日益增长的需求。由于"生态文明"是"习近平新时代中国特色社会主义思想"的重要组成部分，环境质量的显著改善也成为这一新治理思想确立的关键要素之一。新的经济机会和环保产业已成为抵消环境保护负面经济影响的一股日益明显的力量，而收入的快速增长也改变了社会在经济发展和环境质量之间的偏好。它们是使环保政治意愿能够可持续的关键力量。

参 考 文 献

Chinese Communist Party. 2017. *The party's constitution* (*Revised by the 19th national party's congress*) [Online]. Available: https://www.researchgate.net/publication/322421053_The_19th_Congress_of_the_Communist_Party_of_China_and_Its_Aftermath.

English, C. 2010. *More than 1 billion worldwide critical of air quality*. Washington, DC: Gallup.

Hai, W., Zhao, Z., Wang, J. & Hou, Z. G. 2004. The short-term impact of SARS on the Chinese economy. *Asian Economic Papers*, 3, 57-61.

Hsu, C. 2010. Beyond civil society: An organizational perspective on state- NGO relations in the People's Republic of China. *Journal of Civil Society*, 6, 259-277.

IMF. 2019. *World economic outlook databases October 2019* [Online]. Available: https://www.imf.org/en/Publications/SPROLLs/world-economic-outlook-databases#sort=%40imfdate%20descending.

National Bureau of Statistics. 2019. *China statistical yearbook*. Beijing, China: China Statistics Press.

National People's Congress. 2011. *The outline of the national 12th five-year plan on economic and social development*. Beijing, China: The 4th Conference of the 10th National People's Congress.

Payne, R. A. 1995. Freedom and the environment. *Journal of Democracy*, 6, 41-55.

Rawski, T. G. 2005. SARS and China's economy. *In*: Kleinman, A. & Watson, J. L. (eds.) *SARS in China: Prelude to pandemic?* Stanford: Stanford University Press.

Wang, Y. S., Yao, L., Wang, L. L., Liu, Z. R., Ji, D. S., Tang, G. Q., Zhang, J. K., Sun, Y., Hu, B. & Xin, J. Y. 2014. Mechanism for the formation of the January 2013 heavy haze pollution episode over central and eastern China. *Science China-Earth Sciences*, 57, 14-25.

WHO. 2003. *Update 95-SARS: Chronology of a serial killer* [Online]. Available: https://www.who.int/csr/don/2003_07_04/en/.

Xu, Y. 2013. Comparative advantage strategy for rapid pollution mitigation in China. *Environmental Science & Technology*, 47, 9596-9603.

Xu, Y., Williams, R. H. & Socolow, R. H. 2009. China's rapid deployment of SO_2 scrubbers. *Energy & Environmental Science*, 2, 459-465.

Zhu, L., Xu, Y. & Pan, Y. J. 2019. Enabled comparative advantage strategy in China's solar PV development. *Energy Policy*, 133.

第三章　　环境治理

第一节　　环境管制的演变

中国的环境保护工作可以追溯到 1972 年 6 月在瑞典斯德哥尔摩举行的联合国人类环境大会。1973 年 8 月，国内召开第一次全国环境保护会议，正式确立环境保护为政府事务。

1978 年 12 月中国进入改革开放的新时代。经济发展迅速在政府事务中占据突出地位。此后不久，经济发展对环境质量的影响开始显现。环境保护作为需要政府干预的公共事务，在 1983 年 12 月 31 日至 1984 年 1 月 7 日举行的第二届全国环境保护会议上被宣布为一项基本国策。从那时起，国家成立了专门的政府实体来规范和实施环境保护。中央政府内负责环境保护的部门多年来在组织架构、权力和管辖范围方面不断发展。近四十年来，环境保护的权威日益增强。1984 年，城乡建设环境保护部环境保护局改为国家环境保护局，仍归城乡建设环境保护部领导。1988 年，国家环境保护局升格为国家环境保护总局，由国务院直接领导。环境保护不再仅仅是一个部委的内部职责，而是更接近政府权力中心的关键国家事务。

中国过去四十年的改革有一个至关重要的中心主题，即调整政府与市场的关系。尽管改革也有起伏和反复，但过去几十年的总体趋势是旧的市场重新出现、新的市场被创造出来、各种市场发展逐渐成熟，而国家从包办一切转向主要关注发展战略和公共事务。政府与市场逐渐分隔开来，边界渐渐清晰。随着政府在经济中的位置调整，价格已经成为供需平衡的更好指标。生产和消费越来越多地受到市场经济信号的引导。

2008 年，国家环境保护总局改组为环境保护部，成为国务院的正式组成部委。这项改革表明了环境保护被确认为最重要的政府事务之一。权力的增强还赋予了环境保护部及地方环境保护厅局在制定和执行环境政策方面拥有了更高的权威。

2018 年，新一轮的重大机构改革进一步将分散在几个部委的环境主管部门集中到新成立的生态环境部（State Council，2018）。气候变化事务从国家发展和改革委员会转出，归生态环境部管辖。生态环境部的职责涵盖了多个之前的工作：环境保护部、国家发展和改革委员会的应对气候变化与减排、国土资源部的监督防止地下水污染、水利部的水环境管理和规划、农业部的农业面源污染治理、国家海洋局的海洋环境保护、国务院南水北调工程办公室的南水北调工程项目区的环境保护工作。改革进一步强化了环境保护的重要性，并期待其更广泛的职责可以更好地协同环保的法规、政策与管制。

第二节　环境保护的指挥链

中国的环境保护体制主要有四个政府级别，即中央、省级、地市和区县。后三级一般被归类为地方政府。地方政府对实施环境政策和达成环境保护目标负有主要责任。在中央政府连续机构改革之后，地方政府也进行了相应的机构改革。

虽然生态环境部及其前身在中央一级的国务院下有明确的指挥链，但哪种指挥链能够实现更有效的地方环保管制并不明确。具体而言，地方环保部门是应该由地方政府还是由上级政府环境保护部门领导？谁应该掌握其主要官员的任免？一方面，环境保护远远超出了地方环保部门的权限，涉及产业政策、城市规划等，环境执法在很大程度上依赖于其他机构以及地方政府的预算分配。因此，由地方政府来主要领导是合理的。另一方面，由于经济增长与环境保护之间可能存在冲突，地方政府可能会在环境保护方面设置障碍。如果地方环保部门主要由垂直管理即上级政府环保部门领导，因为地方经济增长不在上级环保部门的核心考虑范围内，它们可能会更好地致力于环境保护。

过去四十年来，中国的行政改革还有一个关键趋势：越来越多的权力从中央政府被下放到地方政府，特别是在经济活动的监管和提供社会公共产品方面，如医疗、教育、住房和城乡基础设施及社区服务。在环境行政体制中，地方环保部门指挥链的变迁反映了这种放权趋势，逐渐明确了地方政府需要为辖区内的环境质量负责。1999 年，中共中央组织部进行了机构改革，规定地方环保部门的负责人应由地方党委任命，并征求上级环保部门党组的意见（Department of Organization of the Central Committee of the Communist Party of China，1999）。这种"双重管理"体制旨在平衡纵向（基于环境管理职能的"条"）和横向（基于环境保护属地的"块"）的关系。因此，1999 年的改革主要是加强横向的权力下放。环保部门隶属于地方政府，其负责人和预算由相应的地方政府控制。它们也得到直接上级政府环保部门的业务指导。

过去几十年的机构改革轨迹也涉及了权力重新上收的另一个论点。在改革开放过程中，政府往往不得不面对环境保护与经济发展之间的矛盾。在评估地方领导人的政绩时，特别是在早期，经济指标往往比环境保护占更大的权重。因此，为了当地经济，环境质量经常被牺牲。如上所述，随着中央政府对环境保护的重视及主管部门地位的提高，环境保护的优先级开始在政绩考核指标中攀升。生态环境部及其前身和地方环境保护部门之前较少受到这种矛盾和评估的直接约束，因为环境保护是他们的首要工作职责。2016 年，中国多个省份启动了另一项重大改革试点（The General Office of the CPC Central Committee and The General Office of the State Council，2016）。上级环保部门在地方环保部门负责人的任命及其预算拨款方面拥有了更大的权力，而环境监测和监察机构则直接通过纵向控制提升数据质量及加强对地方的监管考核。

第三节　决策和执行的分工

中央和地方政府的环保部门具有不同的职能分工。中央环保部门主要负责政策制定，同时监督地方环保部门；地方环保部门主要负责实施环境保护政策。省级政府专注于各自省份的政策制定。他们还根据中央政策来制定适应本省份情况的实施细则，并监督地市一级政府。地市级政府的政策制定权力进一步减弱，更加注重政策执行，而区县一级政府的任务几乎完全是在其辖区内执行上级政策。因此，政策执行工作主要由地市和区县两级政府负责。

它们还可以作出在其特定管辖范围内适用的决定，主要是关于如何高效落实政策。

四级政府在政策制定和执行上的分工明确体现在政府环保人员在行政、监察、监测和其他四类中的分布。"行政"人员主要指中央的生态环境部以及三级地方政府对应的环保行政部门的人员；"监察"人员主要是在环境监察执法部门工作的人员；"监测"人员则主要在环境监测站工作；"其他"人员特别包括环境科学研究院和环境规划院等支持人员，他们提供研究和专业知识，以支持环境政策和决策。根据现有数据，2004–2015年四级政府环保人员的构成基本稳定（图3.1）。唯一的显著例外是中央一级的"监察"人员在2009年急剧增加（图3.1）。

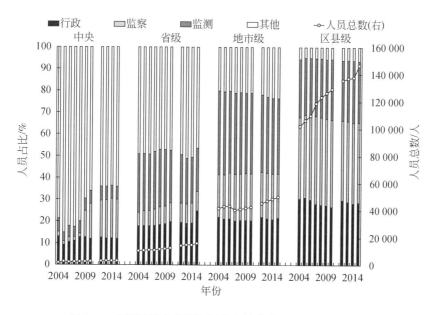

图3.1　中国四级政府环境保护人员分布（2004–2015年）

（Ministry of Environmental Protection，2002–2016）

中央政府环境主管部门的组织架构并不是为了政策任务而设定的，而主要是为了制定政策和监督地方政府（SCOPSR，2018）。在中央一级，"其他"人员是最大的类别，占到2015年所有3023名环保人员的64.1%，而2009年之前的比例超过80%（图3.1）。这一情况说明中国制定环境政策时需要并且已经获得了大量的智力支持，更多更深入的环境研究还会使得决策更加科学化。"行政"人员在 2015 年仅有 362 人，2004-2015 年占比稳定在 12% 左右。在 2018 年的改革和重组之后，新的生态环境部人员队伍扩充至 478 人，以适应增加的行政职责需求（SCOPSR，2018）。六个区域督察中心的设立使得"监察"人员队伍发生了比较大的变化，从 2008 年的 41 人跃升至 2009 年的 294 人，再到 2015 年的 542 人。2018 年的改革进一步将其正式升级为区域督察局，总编制为 240 人（SCOPSR，2018）。多年来，"监测"人员约占所有人员的 6%。中央的监察和监测为考核地方政府环境保护绩效提供了关键而独立于地方政府的数据支持，从而可以验证地方上报的环保数据。

省级环保部门的人员结构也非常注重政策制定和监督，而较少直接参与政策实施。在省级层面，"其他"人员的占比仍然是最大的，在 2015 年占全部环境保护人员总数的 46.4%（图 3.1），反映了政策制定中所需的研究支持。省级"监测"人员占 19.9%，比 2004 年的 26.9% 有所下降（图 3.1）；"监察"人员的占比从 2004 年的 6.2% 增加到 2015 年的 9.0%，但与中央层面相比，增幅要小得多（图 3.1）。在监测和监察之间，中央政府现在更重视监察，而省级政府更注重环境监测。

地市和区县两级的人员结构体现了对政策执行的要求。在地市一级，"监测"人员的占比最大，2015 年占其所有环境保护人员的 34.5%（图 3.1）。"监察"、"行政"和"其他"人员各占五分之一左右。因此，地市级环保部门的主要职责与中央和省级截然不同，尽管也有一定的知识能力来开展政策创新，但是大多数的人员是为了政策执行而服务的。在区县级层面尤其如此，2015 年"其他"人员仅占 6.4%，"监察"人员成为最大的职能群体，占总数的 37.0%，而"监测"和"行政"分别占 28.0% 和 28.6%（图 3.1）。

四级环保部门职能的巨大差异化表明，环境保护的有效管制需要它们之间的密切合作。从中央的生态环境部到区县级环保部门，政策的制定更多地集中在上层，而执行主要集中在下层。然而，尽管中国政府有着自上而下施政的传统形象，它们的合作并不是理所当然的。正如后面几节所探讨的，地方政府要统筹各种利益。如果环境政策的实施违背了这些利益，那么实施过程就会困难重重。无论环境政策多么严格，其执行不力是导致前期中国环境危机的主要原因之一。没有地方政府的有力执法和污染源的严格控制，就无法实现环境质量的根本改善。

第四节 政策制定权力的下放

从社会、经济、产业和环境的角度来看，中国在过去四十年中以惊人的速度发展。法律、政策和法规应该不断适应迅速变化的现状。正如世界银行的治理指标所示，中国的法制尚未完善（Kaufmann and Kraay，2019）。法律和法院在日常环境保护中较少直接发挥作用。相反，政策和法规的相关性要密切得多。

中国的法律由全国人民代表大会制定，其颁布或修改往往都要经历很多年。例如，《环境保护法》是规范环境保护的基本法，它于1989年首次颁布，直到2014年才进行了一次修订。然而，在这25年里，中国的环境状况和污染发生了巨大变化，旧版本已经不能完全应对新问题。此外，全国人民代表大会还颁布了各种专门法律来规范环境的各个类别。例如，《大气污染防治法》于1987年颁布，此后于2000年和2015年进行了两次修订，1995年和2018年进行了两次小幅修改（National People's Congress，2018）。1984年颁布了《水污染防治法》，只在2008年做了一次修订，在1996年和2017年做了两次小的修改（National People's Congress，2017）。因此，尽管中国许多环境政策是针对现有环境问题制定，但在环境法律中没有明确的相应条款。

法律制定和修改的缓慢流程使其无法跟上快速变化的污染现状。这也可以部分解释为什么许多政策的应用是在其法律基础建立之前。例如，生态补偿政策直到2014年才在新修订的《环境保护法》中获得法律支持，但此前已经进行了试验与推广（Wang et al.，2016）。此外，法院在环境执法和守法方面很难直接紧密参与。这些法律通常主要阐述原则，而没有足够的细节来直接应用于实施。这些情况反映了与发达国家不同的中国法制发展阶段，比如中国的中央政府不会因地方政府不执行法律及其政策而对地方政府提起诉讼。

此外，中国的环境法律往往不够具体，允许行政部门有更大的灵活性，而环境政策则包含更多可实施的细节。与美国1990年《〈清洁空气法〉修正案》（CAAA 1990）相比，中国的环境目标和初步规划要详细得多。CAAA 1990清楚地制定了一个污染物排放量的配额分配与交易系统，其中包含详细的规则和时间表（The U. S. Congress，1990）。这些细节在中国的法律和规划中是没有的。中国的法律通常是由一个部委起草的，例如，生态环境部的一项重点任务是起草有关环境保护的法律法规草案（SCOPSR，2018）。模糊的法律条文可以提供法律依据，但不会非常限制政策的制定。例如，《大气污染防治法》授权环境主管部门制定环境空气质量标准和污染物排放标准，而没有进一步明确何时以及如何制定（National People's Congress，2000）。国务院拥有征收污水排污费的法定权力和制定有关法规的自由裁量权（National People's Congress，2000）。

除全国人民代表大会外，国务院可以制定法规和条例。部委及其内部司局可以制定与环境保护相关的政策、标准、项目和其他激励措施及命令①。地方政府及其环境主管部门也有权制定自己辖区内的环境政策或根据相应的管辖范围和背景调整中央政府的环境政策。如图 3.1 所示，地方政府，特别是省级和（在较小程度上）地市级的环境部门在制定政策方面确实具有不错的能力。这些环境政策的范围、严格性、手段、目标和研究支撑可能大不相同。与法律相比，环境政策相对灵活得多。它们的颁布需要的时间更短，面临的障碍要小得多，整个过程的集中程度也相对较低，有许多省级和地方政府机构可以独立制定其管辖范围内的环境政策。中国较为薄弱的法制以及原则性且更新缓慢的环境法律也表明，尽管这些政策可能并没有坚实的法律基础，它们很少在法庭上或通过其他法律渠道受到利益集团的挑战。因此，法律并不总是理解中国环境保护规则现状的最可靠的依据。

然而，中国法制发展的现状也进一步加强了环境政策制定的分散化。虽然全国人民代表大会与发达国家的议会有明显不同，但法律终究比行政部门的政策更稳定、更权威。法律的颁布有着更广泛的参与，立法过程也更加透明。如果存在足够强大的激励措施，各级和各种政策制定实体将能够积极创新政策，从其他实体那里努力吸取教训和经验，调整适应自上而下的政策并认真采用其他地方行之有效的政策。并非所有的政策制定都必然有可靠的研究或智力支持，然而，政策制定权力的下放使积极的自下而上的政策创新和传播成为可能。

---

① 为简单起见，在本书的以下讨论中，它们被统称为环境政策。

第五节　政策实施权力的下放

从人力资源和财政支出的角度来看，中国的环境政策实施更多地向地方政府倾斜。

一、分散的人力资源

与政策制定相比，政策实施需要的人力和物力都要多得多。与四级政府在政策制定和实施之间的分工相对应，中国大多数政府环保工作人员都在地市和区县两级。2015 年，中国共有 232 388 名环境保护公职人员，比 2001 年的 142 766 人增加了 62.8%，反映了环境保护在所有政府事务优先次序的提升。多年来，四级政府之间的人员分布相当一致，2015 年中央、省级、地市、区县政府分别占环保人员总数的 1.3%、6.8%、21.5% 和 63.1%（另有 7.3% 的"其他"人员未计入四级统计）。对应上文所分析的四类环保人员，同类占比中，地市、区县两级占全国"行政"人员的 92.5%，"监察"人员的 97.0%，"监测"人员的 94.6%，以及"其他"人员的 69.5%（图 3.1）。因此，中央甚至省级的环保部门根本没有足够的人力针对分散在中国各地的数百万污染源实施有效的环境政策（Ministry of Environmental Protection et al., 2010）。

二、财政支出分散，财政收入集中

财政收支是理解中国中央与地方关系的另一个关键视角。与发达国家相比，中国的政府支出占 GDP 的比例并不高，2018 年占到 24.5%，其中中央政府占 3.6%，地方政府占 20.9%（图 3.2）。从 20 世纪 80 年代初到 90 年代中期，该比例从 26.8% 大幅下降到 11.1%，但此后逐渐恢复（图 3.2）。政府收入与 GDP 的比例也有类似的趋势，最初由 1980 年的 25.3% 下降到 1995 年的 10.2%，然后在 2018 年又回到 20.4%（图 3.2）。收入和支出之间的差距表明财政有盈余或赤字。

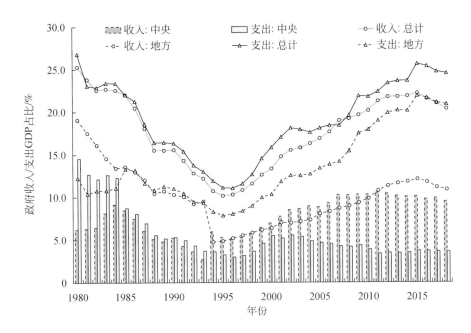

图 3.2　中国政府收支占 GDP 的比例（National Bureau of Statistics，2019）

在目前的财政安排中，中央政府的收入远远多于本级支出，而地方政府一般必须依靠中央政府的财政转移支付来应对支出。2018 年，中央财政收入占一般财政收入的 46.6%，但仅占财政总支出的 14.8%。相比之下，地方政府获得了近一半的收入，但承担了 85.2% 的支出。

四十年来，中央与地方的财政关系发生了巨大变化。1980 年，地方政府直接获得的总收入为 875 亿元（现价），但支出为 562 亿元（National Bureau of Statistics，2019）。相比之下，中央财政收入为 284 亿元，但支出为 667 亿元。1980~1984 年，中央政府花费了大部分政府预算，占比从 52.5% 到 55.0% 不等（图 3.2）。因此，中央政府存在巨额财政赤字，而地方政府出现巨额财政盈余。当时的财政转移是从地方政府转移到中央政府。

1985 年，情况发生了巨大变化。随着以市场为导向的经济改革，政府支出在 GDP 的占比开始大幅下降，但中央政府的下降幅度更大（图 3.2）。中央和地方政府的预算变得更加平衡（图 3.3）。1985 年，中央政府的支出仅比收入高出 3.3%，而地方政府的支出比收入低 2.1%。自那时以来，地方政府一直占政府总支出的 60% 以上，中央政府的份额相对缩减很多。尽管地方政府的财政状况在接下来的几年中总体上保持平衡，但中央政府的财政赤字再次扩大。1993 年，中央财政支出超过收入 37.0%，而在政府收入和支出总额中所占的份额分别下降到 22.0% 和 28.3%。

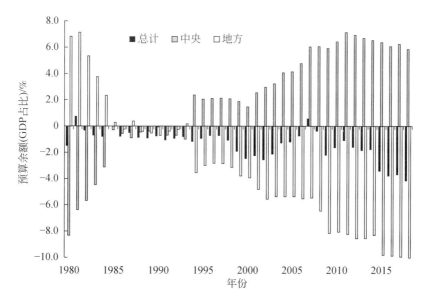

图 3.3　中央和地方政府财政收支占 GDP 的比例（National Bureau of Statistics，2019）

　　随着一项根本性的税制改革生效，1994 年成为中国中央与地方财政关系的重要分水岭（State Council，1993）。1994 年，中央政府在政府总收入中所占的份额猛增到 55.7%，而支出份额仍保持在 30.3%。中央政府首次实现财政盈余，收入超过支出 65.7%。相比之下，地方政府的财政收入只能覆盖其支出的 57.2%，这就需要从中央政府向地方政府进行大规模的财政转移支付。随着政府事务和公共服务的供给进一步从中央下放到地方，这种新形成的中央与地方财政关系在过去二十年中变得日益稳固。2018 年，地方政府占支出的 85.2%，但仅占收入的 53.4%，差距明显扩大。

　　如前所述，目前中央与地方关系的特点是从中央政府向地方政府进行大量财政转移，这反映了它们在政策制定和实施中的不同分工。中央政府主要负责政策制定，而实施主要依靠在地方政府。前者需要的支出比后者少得多。尽管所有省份的支出都超过了本级财政收入，但与富裕省份相比，经济发展相对落后的省份往往更依赖中央政府的财政转移支付（图 3.4）。例如，

2018 年西藏自治区政府收入仅占其支出的 11.7%，而上海市的财政收支差距仅为 14.9%。因此，中央政府可以利用财政转移支付来帮助或者激励地方政府实施政策以实现自上而下制定的目标。这是中央政府对地方政府的关键激励措施之一。

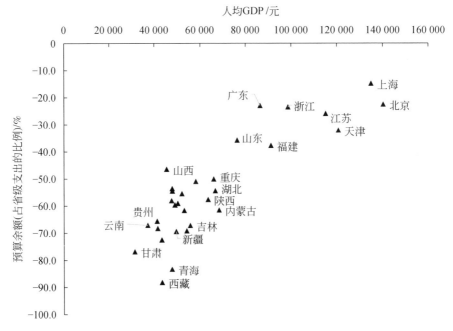

图 3.4　2018 年各省级政府未计中央转移支付前财政缺口占政府支出的比例

（National Bureau of Statistics，2019）

随着经济改革中政府权力的下放，越来越多的政府开支项目被转移到地方政府的职责范围内。另外，不同政府事务在中央和地方政府之间的分工也逐渐清晰，对应了各种支出项目的责任主体。中央政府几乎完全负责外交和国防这两个预算项目，分别占到政府总支出的 99.5% 和 98.1%。2018 年中央财政支出的 33.8% 用于国防。粮食储存关系到整个国家的粮食安全，因此中央政府的把控更为重要，中央一级占 2018 年相应政府支出总额的 66.8%（图 3.5）。科学技术是另一个典型的公共产品类别。市场投资不足，需要公共支出，中央政府在 2018 年占了 37.5% 的份额（图 3.5）。医疗和城乡社区支出几乎完全由地方政府负责。2018 年，环境保护占政府总支出的 2.9%（图 3.6），而地方政府占到了其中的 93.2%（图 3.5）。在中央和地方政府支出结构中，节能环保的比例分别为1.3%和3.1%（图3.6）。

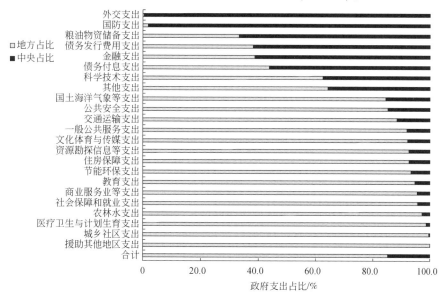

图3.5　2018年中央和地方政府按预算项目划分的支出份额

（National Bureau of Statistics，2019）

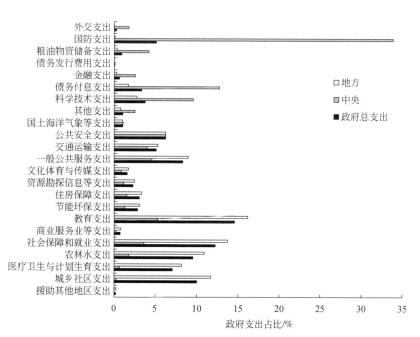

图3.6　2018年按预算项目分列的中央、地方和政府总支出结构

（National Bureau of Statistics，2019）

近十年来在环境保护方面的支出上，中央和地方政府的相对比例基本保持稳定。然而，这个已经大幅向地方政府放权的预算项目也出现了轻微重新集中的迹象。近年来的环保管制体系改革也反映了中央政府更积极地改善环境质量，同时加强自身的监察和监测能力来更直接地监督地方政府。自 2008 年以来，环境保护在《中国统计年鉴》的数据中被列为单独的预算项目（2007 年数据）。它在政府总支出中的占比从 2007 年的 2.0% 小幅上升到 2010 年的 2.7%，然后在 2018 年小幅波动至 2.9%。在此期间，地方政府预算的占比也相当稳定，在 2.5% 至 3.2% 的狭窄范围内。然而，中央政府发生了大的转变，大幅提高了用于环境保护的财政预算。2007–2013 年，这一比例在 0.2%–0.5%，2014 年跃升至 1.5%，此后一直保持在较高水平（图 3.7）。相应地，中央政府在环境保护政府总支出中的占比从 2013 年的 2.9% 提高到 2014 年的 9.0%，而地方政府的占比虽然按绝对值逐年增加，但相对有所下降。

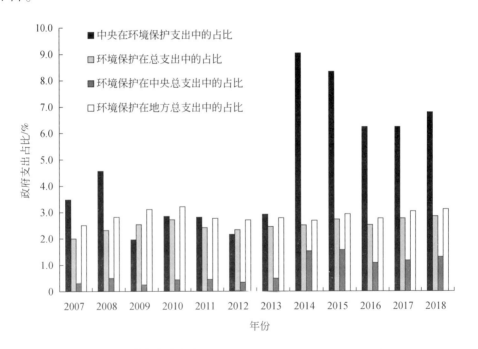

图 3.7　政府支出占比（National Bureau of Statistics，2019）

2007 年是《国家统计年鉴》将环境保护列为单独预算项目的第一年

2014 年中央财政环保支出的显著提升表明，环境保护在国家公共事务中越来越受到重视（图 3.7）。增加的预算主要是加强了对地方政府环保绩效自上而下的监督、监测和监察职能。由于环保在国家整体和地方政府支出中所占的比例在此期间没有显著变化，2014 年以后环境管理能力基本不会比其他政府事务得到更快的提升。因此，对环境保护的重视是针对中央和地方政府之间的关系，以更有效地调动政策执行能力，并在对地方政府的政绩考核中提高了对环境保护的考核。

第六节　集权和分权的人事管理

过去四十年中影响深远的改革包括国家与市场关系的经济改革以及中央与地方政府关系的行政改革，而党在塑造现实中的中央与地方领导关系方面发挥着至关重要的作用。党和政府在官僚机构中存在重叠的组织，而党在企业和其他非政府组织中的存在更为普遍。对于四个级别的政府，每个级别都有权任命下一级别的领导人。例如，中国共产党中央委员会组织部（简称中共中央组织部）掌握着省级领导人（包括中央部委的领导人）的提名，而省委组织部提名省内地市级领导。人事责任基本落了在相应的党委肩上，人事决策是中央影响地方政府重要的渠道之一。大量研究证实，中国确实将治理绩效纳入了官员的晋升或罢免决策，尤其是针对地方政府领导人（Li and Zhou，2005；Zhou，2007）。没有党的作用，中国的治理架构将与目前的制度安排大不相同。

此外，改革使这种人事关系发生了重大变化，也体现了人事权的下放。1984 年，党中央改革了人事管理制度（Gao and Zou，2007）。在此之前，各级组织部下辖两级。例如，中共中央组织部负责提名和管理省和地市两级的领导人。改革后，地市级领导由省委组织部全权负责，中央组织部只负责省级领导。因此，省级领导对省政府内的厅局以及下辖的地市级政府领导的控制力大大提升。这种改革加强了地方领导人在其管辖范围内的权力。这一安排与政府事务和支出的下放相吻合，但仍保持着中央通过党组织制约地方领导人的有效渠道。

参 考 文 献

Department of Organization of the Central Committee of the Communist Party of China. 1999. *On reforming the institutions of managing environmental officials*. Beijing, China：Central Committee of the Communist Party of China.

Gao, X. & Zou, Q. 2007. *Research on intra- party democracy- evaluation from history and reality*. Shandong, China：Qingdao Press.

The General Office of the CPC Central Committee & The General Office of the State Council. 2016. *Guiding advice on the pilot vertical reform in sub- provincial monitoring, inspection and enforcement agencies*. Beijing, China：CPC Central Committee, State Council.

Kaufmann, D. & Kraay, A. 2019. *The worldwide governance indicators 2019 update：Aggregate governance indicators 1996- 2018* [Online] . Available：https：//info. worldbank. org/governance/ wgi/.

Li, H. B. & Zhou, L. A. 2005. Political turnover and economic performance：The incentive role of personnel control in China. *Journal of Public Economics*, 89, 1743-1762.

Ministry of Environmental Protection. 2002- 2016. *Annual statistical report on the environment in China*. Beijing, China：Ministry of Environmental Protection.

Ministry of Environmental Protection, National Statistics Bureau & Ministry of Agriculture. 2010. *Public report on the first national census of polluting sources*. Beijing, China：Ministry of Environmental Protection, National Statistics Bureau.

National Bureau of Statistics. 2019. *China statistical yearbook*. Beijing, China：China Statistics Press.

National People's Congress. 2000. *Law of atmospheric pollution prevention and control of people's republic of China*. Beijing, China：The 4th Conference of the 10th National People's Congress.

National People's Congress. 2017. *Law of water pollution prevention and control*. Beijing, China：The 4th Conference of the 10th National People's Congress.

National People's Congress. 2018. *Law of atmospheric pollution prevention and control of people's republic of China*. Beijing, China：The 4th Conference of the 10th National People's Congress.

SCOPSR. 2018. *The function, internal organization and personnel of the ministry of ecology and environment*. Beijing, China：SCOPSR.

State Council. 1993. *Decision on implementing the tax sharing mechanism in fiscal management*. Beijing, China：State Council

State Council. 2018. *Reform plan on the state council*. Beijing, China：State Council.

The U. S. Congress. 1990. *Clean air act amendments 1990*. Washington, DC：The U. S. Congress.

Wang, H., Dong, Z., Xu, Y. & Ge, C. 2016. Eco- compensation for watershed services in China. *Water International*, 41, 271-289.

Zhou, L. 2007. Governing China's local officials: An analysis of promotion tournament model. *Economic Research Journal*, 7, 36-50.

第四章　动员政府

第一节　五年规划目标

在过去的几十年里，国家最高领导层的环境保护政治意愿更加强烈（第二章）。然而，由于政策制定权的下放以及实施政策的人员和支出更大程度上集中于地方政府，中央的环境政治意愿兑现以及全国环境质量的根本改善就必然需要中央和地方政府之间的配合（第三章）。本章致力于理解从中央到地方的整个中国政府是如何通过环境目标——特别是五年规划目标有效行动起来的。

目标在治理中使用广泛。例如，UNFCCC（联合国气候变化框架公约）将其目标定义为"将大气中的温室气体浓度稳定在防止对气候系统造成危险的人为干扰的水平"（United Nations，1992）。美国总统巴拉克·奥巴马（Barack Obama）设定了一个目标，计划在 2011 年底之前从伊拉克撤出所有美军（DeYoung，February 28，2009）。许多研究也关注环境目标，包括目标的谈判以及分配（Chakravarty et al.，2009）、实现目标的政策（例如环境税和排放配额交易）、目标的技术可实现性等（Pacala and Socolow，2004）。

使用目标作为治理工具的理论基础可以追溯到社会心理学的研究，常通过针对个人的实验来分析各种目标对任务绩效的影响。Locke 等（1981）的文献综述得出基本结论：具体和具有挑战性的目标比简单的目标、"尽力而为"的目标或没有目标能够产生更高的绩效。此外，目标设定最有可能在以下情况下提高任务绩效：受试者有足够的能力，提供反馈以显示与目标相关的进度，为目标实现提供金钱等奖励，实验者或管理者的支持，并且分配的目标被个人所接受（Locke et al.，1981）。在实验中，目标被分配给个人，而个人努力实现目标。这种情况与像中国这样大的国家的环境目标有相通之处。中央政府扮演着与实验者类似的角色：决定一个目标并将其分配给地方政府。目标过程可以区分为三个组成部分：①目标设定；②目标分配；③目标实现。目标设定是指应该设置什么类型的目标以及它们的严格程度。由于全球或国家目标往往需要不同政治或行政实体的合作，因此目标分配是必要的。例如，二氧化碳减排的全球目标应分配给各个国家，而中国的国家目标应分配给各省份。此外，目标的认定程度决定了认真努力的力度。目标过程的第三个组成部分侧重于评估目标的实现情况，并采取足够有力的激励措施来动员目标实施者。

五年计划真正在中国的政府治理中发挥重要作用是在中国逐渐从计划经济向市场经济转型之后。从"六五"计划（1981–1985年）开始，中国逐步形成了一套订立五年计划的规则（State Council，2005b）。"十一五"规划（2006–2010年）第一次将名称从"计划"（更强调的自上而下的命令）改为"规划"（更多的是方向性的指导）。量化目标是五年规划中最重要的部分。从"十一五"规划起，这些目标被分为预期性目标（如GDP和人口增长率）和约束性目标（如污染物减排）（National People's Congress，2006）。此外，五年规划不是单独的文件，而是一个多层次的体系。例如，全国性的《国民经济和社会发展第十一个五年规划纲要》包括了二氧化硫减排10%的目标以及其他重要的经济社会发展目标，而《国家环境保护"十一五"规划》则针对环保的主要工作提供了进一步的细节。再往下一层，《国家酸雨和二氧化硫污染防治"十一五"规划》专门针对二氧化硫的减排给出了更为具体的安排。各级政府也都相应制定了"十一五"规划。

目标，特别是五年规划中的目标在国家环境保护工作中发挥着越来越突出的作用，用于动员地方政府和各级机构。如果目标以百分比表示，那么基准年就是上一个五年规划的最后一年。例如，中国在"十一五"规划（2006–2010年）中设定的能源强度目标是降低20%，就意味着2010年的能源强度或者单位GDP的能源消耗需要比2005年低20%（National People's Congress，2006）。

在监管主要来自燃煤的二氧化硫排放方面，国家依靠绝对排放量的目标。在"九五"、"十五"、"十一五"、"十二五"和"十三五"期间的二氧化硫绝对排放量目标分别是增长 3.8%、减少 10%、减少 10%、减少 8% 以及减少 15%（National People's Congress，2001；National People's Congress，2006；National People's Congress，2011；NEPA et al.，1996；National People's Congress，2016）。而前四个五年计划/规划期的二氧化硫排放量实际变化率分别为减少 15.8%、增加 27.8%、减少 14.3% 和减少 14.9%（National Statistics Bureau and Ministry of Ecology and Environment，2019）。这表明除"十五"计划外，其他所有计划/规划均实现了目标。本章具体分析了"十一五"规划中二氧化硫减排 10% 的目标，它扭转了"十五"计划目标与实际排放量之间的巨大差距。国家五年规划中的量化目标是集中制定的，涉及当时的国家环境保护总局（现为生态环境部）以及党和国家最高领导层。减排任务被分配给省级政府并进一步分解至再下一级地方政府，使得每个地方政府都有相对应的明确量化目标。监督执行机制也随之建立起来，监测地方政府的目标实现进度，并采取有力的激励措施。在不同五年计划/规划间，目标也在迅速演变，反映了二氧化硫减排和空气污染控制的现状和重点工作安排。

第二节　整体的目标设定

一、制定国家目标

中国的五年规划目标过程涉及三个重叠的周期：五年规划、中国共产党全国代表大会和全国人民代表大会。"十一五"规划于 2006 年正式开局，2010 年结束。第十六次党的全国代表大会及中央委员会的任期从 2002 年 10 月至 2007 年 10 月。第十届全国人民代表大会任期从 2003 年 3 月到 2008 年 3 月，相对于中国共产党全国代表大会任期滞后了半年。"十一五"规划的开局是差不多是在两个代表大会中期。

五年计划/规划的周期与国家领导层的更迭并不重合。五年计划/规划目标的对标年份是计划开始的前一年，但是由于其必须在对标年的重要统计信息获得之前形成，在中国二氧化硫排放量非常不稳定的背景下，相对目标比绝对目标可以减小目标难度的不确定性。中国在"十五"计划（2001－2005

年）中未能实现二氧化硫减排 10% 的目标，这可能部分反映了周期之间的不匹配。2003 年 3 月，当"十五"计划已经进行了两年多时，新一届政府才全面执政，其后二氧化硫排放就开始迅速增长。在 2001–2002 年，二氧化硫排放量下降了 3.4%，但在其余三年（2003–2005 年）中，排放量激增了 32.3%（State Environmental Protection Administration（SEPA），2001–2009）。另一方面，从经济增长的角度来看，这种鲜明的对比并没有如此明显。按年计算，中国经济在头两年以每年 8.7% 的速度增长，后三年加速为 10.2%（National Bureau of Statistics of China，1999）。虽然二氧化硫排放量激增可能只是领导层更迭的巧合，但如果 2003–2005 年与 2001–2002 年在同一届政府任期之内，由于规划和执行更加统一，结果可能会有所不同。

《国家经济和社会发展第十一个五年规划纲要》（以下简称《纲要》）是全国人民代表大会于 2006 年 3 月批准的正式文件的名称（National People's Congress，2006）。二氧化硫排放量减少 10% 的目标被明确纳入其中，并具有法律约束力。《纲要》的制定过程可分为三个阶段：①2003 年年中至 2004 年 12 月，形成了"十一五"规划基本思路[①]（以下简称基本思路，由国家发展和改革委员会（NDRC）负责）；②2005 年 2 月至 2005 年 10 月，批准了《中共中央关于制定国民经济和社会发展第十一个五年规划的建议》（以下简称《建议》，由中共中央负责）；③2005 年 10 月至 2006 年 3 月，以《纲要》的正式颁布为标志（由国务院负责）。

基本思路思考了《纲要》的战略方向。这一构思阶段于 2003 年年中启动，2004 年底完成（Xinhua News Agency，2006；NDRC，2003）。在环境保护方面，基本思路所给出的"十一五"规划阶段性目标是"生态环境恶化的趋势缓解，可持续发展能力增强"（NDRC，2005）。其措辞显然不同于例如"环境质量的改善"，反映在其后发布的《国家环境保护"十一五"规划基本思路》中，提出了在"十一五"期间将二氧化硫排放量控制在 2005 年的水平（SEPA，2006d；Chinese Academy for Environmental Planning（CAEP），2004）。

国家环境保护总局（SEPA）负责编写"十一五"环境保护规划，显然

[①] 《国家发展改革委关于做好 2004 年"十一五"规划工作的通知》（发改规划〔2004〕795 号）

其更了解控制二氧化硫排放的具体困难。例如，2002 年国家环境保护总局副局长王新芳承认，"十五"规划（2001–2005 年）中二氧化硫排放量减排 10% 的目标很难实现（Wang，2002）。2005 年的最终结果也证实了他的担忧：其他污染物的减排目标要么已经达到，要么略有欠缺，但二氧化硫排放量却比 2000 年高出 27.8%，比原定目标高 42%（Zou et al.，2006）。因此，国家环境保护总局于 2004 年 12 月 23 日发布了《国家环境保护"十一五"规划基本思路》，仅仅提出了"十一五"期间二氧化硫排放量不增长（SEPA；2006d，Chinese Academy for Environmental Planning（CAEP），2004）。2004 年完成的"十五"中期评估应该可以在该提案中发挥指导作用：数据显示，与 2000 年相比 2003 年的二氧化硫排放量增加了 8.2%（State Environmental Protection Administration（SEPA），2001–2009）。该中期评估认为，10% 的减排目标已经遥不可及，但仍预计 2005 年的二氧化硫排放量可以与 2000 年的水平持平（Zou et al.，2004）。

在《基本思路》的基础上，中共中央最高领导层开始直接参与"十一五"规划的制定。2005 年 2 月 16 日，由温家宝总理直接领导的起草小组成立（Xinhua News Agency，2005）。这期间一个突出的特点是时任国家主席胡锦涛在中共中央政治局或全国人大常委会和温家宝总理在起草小组中主持了多次相关会议（Xinhua News Agency，2005）。《建议》最终于 2005 年 10 月 11 日获得中共中央通过和认可（Xinhua News Agency，2005）。与《基本思路》截然不同的是，《建议》明确提出"降低污染物排放总量"，实质上表明了改善环境质量的目标（Xinhua News Agency，2005）。

在 2005 年 10 月后以《建议》为指导，第三阶段开始于国务院各部委的起草小组的成立（Xinhua News Agency，2006），成立了专家委员会来对《纲要》草案进行评估，也征求了公众的意见（Ma，2005），胡锦涛主席和温家宝总理还组织了几次会议来讨论草案（Xinhua News Agency，2006）。2005 年 11 月，国家环境保护总局起草了《全国酸雨和二氧化硫污染防治规划》（SEPA，2005）。虽然 2004 年的二氧化硫排放量已经比 2000 年高出 13%，但"十一五"规划中 10% 的减排目标首次出现（SEPA，2005；State Environmental Protection Administration（SEPA），2001–2009）。2005 年 12 月 3 日，国务院颁布了《国务院关于落实科学发展观加强环境保护的决定》

（State Council，2005a），将科学发展观的新思想与环境保护联系起来，肯定了环境保护在新思想建立中的重要性。第十届全国人民代表大会第四次会议召开时，《纲要》于 2006 年 3 月 5 日提交，2006 年 3 月 14 日批准（Xinhua News Agency，2006）。

二、设定目标的方法

五年计划/规划以其规划期的前一年为对标年份。例如，"十一五"规划（2006-2010 年）的目标是将 2010 年与 2005 年进行比较。然而，实际上对标年的数据无法充分用于设定目标。国家一般在 6 月公布上一年度的环境数据（State Environmental Protection Administration（SEPA），2001-2009）。虽然公众有可能比政府获得信息晚，但收集和汇编统计数据确实可能需要几个月的时间。因此，对标年的信息尽管不能及时获取，却必须成为下一个五年规划编制的基础。中国的二氧化硫排放量年变化幅度很大：2004 年的排放量比 2003 年增加了 4.5%，但 2005 年这一数字出人意料地跃升了 13.1%（State Environmental Protection Administration（SEPA），2001-2009）。与此同时，经济增长率却相对稳定，2004 年为 10.1%，2005 年为 11.4%（National Bureau of Statistics，2019）。由于波动性很大，缺乏最相关和最重要的对标年的统计数据可能会在校准目标时造成不便。

在制定五年计划/规划二氧化硫排放目标时，有两个组成部分很重要：长期目标和适当的减排速度。过去，国家依靠"环境容量"的概念来决定二氧化硫的长期排放目标（Yang et al.，1998，1999）。"环境容量"是指在确保人类生存发展不受危害、自然平衡不受破坏的前提下，某一环境所能容纳污染物的最大负荷量。二氧化硫排放的环境容量主要是三个变量的函数：①二氧化硫排放量及其分布，即排放清单；②二氧化硫的迁移和汇；③给定环境质量的可接受水平。第二个变量主要由大气环流和大气化学决定。第三个变量是外部选择的结果：如果一个社会期望有更好的生活环境，可以降低环境二氧化硫浓度的限值。

为了在五年计划/规划中设定二氧化硫目标，国家首先确定了一个长期目标，然后再决定实现该目标的减排速度。长期目标是通过大气输运和化学模型确定的。"十五"计划（2001–2005 年）的隐含长期目标是 1200 万 t，计划在 2020 年实现（Wang，2002）。"十一五"规划（2006–2010 年）的长期目标为 1800 万 t，目标实现年份也是 2020 年（SEPA，2005）。尽管这两个目标都得到了科学研究在不同约束条件下计算结果的支持，但长期目标的大幅上调很可能是煤炭使用量的急剧增加导致"十五"期间二氧化硫排放量的意外增加。

长期目标的制定基于相关的科学依据。《环境保护法》明确要求地方政府对当地的环境质量负责（National People's Congress，1989）。由于在《标准化法》中环境空气质量标准也属于强制性标准（State Council，1990），理论上应该能够促进地方政府强力推行二氧化硫减排政策。1996 年，国家环境保护总局颁布了环境空气质量标准（NEPA and SBTS，1996）。我国大部分地区环境二氧化硫年均浓度应低于 $0.060 mg/m^3$。一项重要研究表明，为了在全国 $0.2° \times 0.2°$ 空间网格中达到这一平均浓度，二氧化硫年排放量需要控制在 1200 万 t（Yang et al.，1999）。另一项针对"十一五"规划的研究选择了 $1° \times 1°$ 空间网格（Zou et al.，2006）。尽管该数字基于几个重要的假设（其中最重要的是二氧化硫排放源的地理分布），但却表明了环境二氧化硫浓度标准的严格程度。例如，中国在"十一五"规划中的目标是到 2010 年二氧化硫排放量在 2005 年 2550 万 t 的基础上减排 10%，但这仍然远远高于 1200 万 t 的水平（National People's Congress，2006）。

二氧化硫排放的空间分布对于任何基于环境二氧化硫浓度限值的减排目标都非常重要。例如，以二氧化硫浓度 $0.060 mg/m^3$ 为约束条件，上海可以容许排放 63 万 t 二氧化硫（Yang et al.，1999），但其 2007 年的实际排放量为 50 万 t（Ministry of Environmental Protection，2008）。如果污染源位于上海，就没有必要进行减排。但是如果将同一污染源转移到排放限值低于实际排放的邻近省份江苏（Ministry of Environmental Protection，2008；Yang et al.，1999），减排就成为必需。1998 年的研究给出了一个基于二氧化硫环境浓度的排放量目标：如果不计算西藏的过剩环境容量与其排放量的差异（50 万 t/1.5 万 t），全国的目标就是将二氧化硫排放量减少到约 1200 万 t（Yang et al.，1999）。国家计划在 2020 年实现这一目标（Wang，2002），即四个五年计划/规划期。因此，"十五"计划的目标是减排 10%，即减少到 1800 万 t 的二氧化硫排放量（SEPA，2001）。

尽管"十五"二氧化硫排放量大幅高于减排目标，国家仍然把 2020 年作为实现长期目标的一年。但是，最初订立的长期目标任务十分艰巨。2005年，中国排放了 2550 万 t 二氧化硫（State Environmental Protection Administration（SEPA），2001–2009）。为了在 2020 年实现 1200 万 t 的排放目标，需要在 15 年内减少 53%。即使从 2004 年"十一五"规划制定新目标时的水平来看，减排率仍应为 47%（State Environmental Protection Administration（SEPA），2001–2009）。通过用临界酸沉降来代替二氧化硫浓度作为限制条件，新的环境容量计算结果变为 1730 万 t（Zou et al.，2006），然后 1800 万 t就成了新的长期目标（SEPA，2005）。这两个长期目标都假设每五年减少 200万–250 万 t。由于长期目标的实现速度相对稳定，长期目标的水平似乎与目前的排放水平成反比。因为这两个长期目标都得到了科学研究的支持，选择哪个科学研究的结果用于政策可能有其他因素的影响。

在确定五年计划/规划目标时，还会参考前几年的排放趋势（Wang et al.，2004）。由于"九五"计划实现了 15.8% 的二氧化硫减排（NEPA et al.，1996；State Environmental Protection Administration（SEPA），2001–2009），即使是同样的减排速度也被认为过于严格（Wang et al.，2004）。之所以制定10% 的减排目标，可能是因为它介于"九五"计划的 15.8% 实际减排和原来的 3.8% 增长目标之间，同时更接近 15.8% 的减排幅度。另外，因为"十五"期间二氧化硫排放量增加了 27.8%，对于"十一五"规划来说同样的近期排放趋势就会过于宽松（State Environmental Protection Administration（SEPA），2001–2009）。该趋势可能是"十一五"规划设立初始二氧化硫减排目标的重要参考因素（Chinese Academy for Environmental Planning（CAEP），2004）。五年不增不减的目标也可以遵循相同的原则：0% 的变化在 27.8% 实际增长与原来 10% 减排目标之间，并更接近更严格的一侧。因此，上一个五年计划/规划目标的实现与否在下一个五年计划/规划目标的制定中发挥了重要作用。

美国在 1990 年《〈清洁空气法〉修正案》中对二氧化硫排放的目标也以相对目标表示，实际相对于对标年（1980 年）的排放水平，二氧化硫排放量计划减少 1000 万 t（The U. S. Congress，1990）。尽管美国在 20 世纪 80 年代进行了一项为期 10 年的详细研究（国家酸沉降评估计划），但它未能回答政策制定的相关问题，并且与目标设定过程缺乏密切联系（Roberts，1991；Pouyat and McGlinch，1998）。对于一个固定的长期目标，不同的对标年只是改变了相对减排量，或者说仅仅是数字表述的不同。此外，在其设立的排放交易市场即酸雨计划中，1980 年并不是排放配额分配的基准年，1985 年才是更重要的一年，对按照"祖父"原则进行的排放配额产生实际影响。但是，如果将削减 1000 万 t 的目标固定下来，那么选择 1980 年确实具有重要意义。1980 年，美国排放了 2350 万 t 二氧化硫，1985 年和 1990 年的排放量分别为 2110 万 t 和 2090 万 t（U. S. Environmental Protection Agency，2007）。从本质上讲，选择 1985 年或 1990 年没有区别，但以 1980 年为基准年可将长期目标放宽 240 万~260 万 t。该目标计划于 2010 年实现。1980 年比 1990 年《〈清洁空气法〉修正案》立法的时间早了 10 年，比 1995 年排放交易市场正式启动早了 15 年。尽管对中国而言，减排目标是相对基准年的相对目标，还是绝对目标的影响更大，但对于美国而言，两者区别不大。相对目标的一个主要优势是减少意外排放增长或减少带来的不确定性。然而，美国的排放不确定性较小，目标周期较长，所以这一优势并不重要。美国每年二氧化硫排放量的波动性要小得多，因此实现目标的负担——基准排放情形与目标之间的差值的不确定性远低于中国。此外，酸雨计划的目标周期比中国的五年计划要长得多。由于美国完善的法制基础，只要法律没有被废除或者改变，无论是哪个政党和总统上台执政，都可以基本确保二氧化硫减排工作继续进行。

第三节　自上而下的目标分配

目标实施是指目标实施者接收、接受和努力实现目标的过程。它与政策实施非常不同。目标实施涉及不同级别政府或其机构之间的关系，而政策实施侧重于政府与污染者（包括工厂等污染源和个人）之间的关系。在中国，目标制定者和目标实施者通常是分开的。由于目标制定者不直接负责实现目标，所以必须让目标实施者接受目标并为之努力。为了有效实现目标，在国家目标确定之后需要适当的目标分解方案来制定次级目标。《联合国气候变化框架公约》界定了一项原则，即各国根据"共同但有区别的责任和各自的能力"分担温室气体减排的全球责任（United Nations，1992）。目标分解原则和方法是谈判和学术研究的重要领域（Chakravarty et al.，2009；Li，2010）。

在中国，国家目标及其向地方政府的目标分解往往属于不同的决策过程。以"十一五"规划（2006-2010年）中的二氧化硫目标为例，全国10%的减排目标主要由党中央决定，但省级目标则由中央政府（具体是国家环境保护总局）与省级政府协商确定。

一、从中央到省级政府的目标分解

中国地方政府分为几个级别，主要是省级、地市和区县。为了实施二氧化硫减排目标，中央政府向省级政府下达分解目标，并制定激励措施以激发其积极性。一个好的国家目标，如果减排任务在各省之间的分配不公平，实现起来就很困难。在国家目标制定后，各省级政府与中央政府就其负担份额进行协商。尽管协商的细节及其适用原则尚未公开，但可以从结果中反向分析。

国家定性地披露了将国家目标分解给省级行政区的原则，影响因素主要包括环境质量、环境容量、当前排放水平、经济发展状况、二氧化硫减排能力、各种污染控制计划/规划的要求以及区域类别（西部、中部、东部）（State Council，2006）。不存在一个明确的定量目标分解公式，然而，已公布的省级数据至少可以用统计方法对潜在定量关系进行分析评估。

因变量是以百分比表示的"十一五"省级二氧化硫排放目标：2010年二氧化硫排放量目标/2005年二氧化硫排放量−100%。待分解的国家减排任务为11.9%，实际上比10%的"十一五"减排目标要更高一些（State Council，2006）。所有省份加起来的总排放限额是2247万t，而不是五年规划目标的2294万t。差额（47万t）保留用于试验二氧化硫排放交易（State Council，2006）。

自变量包括上述定性披露的所有因素（State Council，2006）。由于2005年是"十一五"规划的基准年，除非另有说明，自变量的数据均指示该年。环境质量由省会城市二氧化硫年平均浓度和非电力部门的排放密度（以吨/平方公里表示）代表。省会城市的二氧化硫浓度数据发表在《中国统计年鉴》上（National Bureau of Statistics，2006）。此外，中国将二氧化硫排放分为两大类：电力和非电力。非电力部门的排放由于烟囱较矮不利于扩散，被认为与当地空气质量的关系更密切（SEPA，2006a）。它们在各省的排放密度代表环境质量的另一个视角（National Bureau of Statistics of China，1999；Zou et al.，2006）。环境容量表示维持一定的环境质量所允许的最大排放量。本节中使用的数据来自一项以临界酸沉积为约束条件计算"十一五"规划的长期二氧化硫排放量目标的研究（Zou et al.，2006）。相应的全国排放量上限为 1730 万 t，而每个省都有各自的排放限额（Zou et al.，2006）。当前的排放水平由 2005 年省级二氧化硫排放量表示。2006 年 8 月正式下发省级目标（State Council，2006），而由于 2005 年的数据已于 2006 年 6 月公布（State Environmental Protection Administration（SEPA），2001–2009），应该可用于协商目标分解。全省人均 GDP 代表经济发展状况（National Bureau of Statistics，2006）。

当年国家环境保护总局没有明确说明二氧化硫减排能力的定义。本节的研究使用了两个变量：首先，2005 年各省二氧化硫去除率较高可能表明未来减排的机会较少，它们也代表了以前在二氧化硫减排方面的努力。其次，脱硫设施在"十一五"规划中被明确为减少二氧化硫排放的关键措施（State Council，2007a）。电力部门在总排放量中的占比是减排能力的另一个指标（National Bureau of Statistics of China，1999；Zou et al.，2006）。更高的占比可以使通过脱硫设施削减二氧化硫排放总量更有效。

中国的政策和排放控制计划也会以自下而上的方式影响各省的目标。然而，它可能与自上而下的目标分解结果不一致。例如，按照排放标准和脱硫设施规划所预期的 2010 年全国电力部门二氧化硫排放总量分别为 890 万 t 和 970 万 t，而"十一五"规划的最终目标是 950 万 t（Zou et al.，2006）。为了评估其对目标分解的影响，在分析模型中为每个省份生成了两个自变量：①（2010年电力部门排放标准所预期的排放水平+2010 年非电力排放目标）/2005 年省排放总量−100%（State Council，2006；Zou et al.，2006；National Bureau of Statistics of China，1999）；②（2010 年电力部门脱硫设施规划所预期的排放水平+2010 年非电力排放目标）/2005 年省级排放量−100%（State Council，2006；Zou et al.，2006；National Bureau of Statistics of China，1999）。

根据地理位置和经济发展阶段，中国将省份分为三个区域：西部、中部和东部。为了减小经济增长和收入的地区差异，国家对这三个区域区别对待。例如，"西部大开发"旨在特别通过建设基础设施开发西部省份。模型中用虚拟变量来指示省份的位置。此外，由于中国的盛行风向是将空气污染物从西向东输送，因此西部省份的二氧化硫排放可能比东部省份造成更大的损害。这些虚拟变量可以评估这两个相反因素的总体影响。

除了这些变量外，模型中还包括了官方目标分解计划中未提及的其他几个变量，包括人均二氧化硫排放量、"十五"计划的目标实现情况以及电力外调。中国在《京都议定书》中没有承诺具有法律约束力的碳减排目标的一个理由是我国人均碳排放量低。本节的研究通过2005年的省份人均二氧化硫排放量来分析中国是否在国内实践中适用了这一原则（National Bureau of Statistics of China，1999）。

中国未能实现"十五"计划（2001-2005年）中二氧化硫减排10%的目标，2005年实际排放量比原定目标高出42%（State Environmental Protection Administration（SEPA），2001-2009；SEPA，2001）。然而，也有些省份比其他省份做得更好。为了研究过去更好的表现是否会在下一个五年计划/规划目标分解中得到认可，模型加入了一个自变量，即2005年省级排放量/2005年"十五"计划的省级排放目标（State Council，2006；National Bureau of Statistics of China，1999）。此外，对于模型中使用的27个省份（将在下面讨论），该变量与"十五"计划中省级二氧化硫排放量的增长率高度相关，相关系数为0.98。因此，这一变量的模型结果也适用于增长率变量。

污染物排放和产品消耗不一定在同一空间位置。以电力为例，二氧化硫排放来自燃煤发电厂，但电力可能为另一个省份提供照明。在模型中，这种效应是通过省级电力交易的标量来进行分析的：省份发电量/省份用电量－100%（National Bureau of Statistics，1997-2008）。

统计模型采用了中国27个省份的数据（不包括青海、海南、西藏、上海、香港、澳门和台湾）。其中，海南和西藏2005年的二氧化硫排放量较少，分别为2.2万t和2000t；青海排放量也很少，《中国统计年鉴》中没有其工业排放去除量的数据；上海2005年非电力二氧化硫排放密度远高于其他省份（32.7t/km^2，次高为7.9t/km^2），异常高值（National Bureau of Statistics of China，1999；Zou et al.，2006）。

变量之间的相关系数如表4.1所示。省级目标与非电力排放密度、二氧化硫排放总量和人均GDP高度负相关，表明这些变量的较高水平与更严格的

表 4.1（a）　27 个省份关键变量的相关系数

项目	减排目标	省会城市二氧化硫浓度	非电力排放密度	长期目标	总排放	人均GDP	二氧化硫去除率	电力的排放比例	脱硫设施规划确定目标	排放标准确定的目标	中部	西部	人均排放量	"十五"目标完成率	电力外调比例
数据年份	2010	2005	2005	2020	2005	2005	2005	2005	2005	2005			2005		2005
减排目标	1.00														
省会城市二氧化硫浓度	0	1.00													
非电力排放密度	-0.74	0.17	1.00												
长期目标	-0.06	0.05	-0.04	1.00											
总排放	-0.53	0.16	0.22	0.15	1.00										
人均GDP	-0.48	-0.04	0.59	-0.30	-0.16	1.00									
二氧化硫去除率	0.18	-0.12	-0.01	-0.08	-0.16	-0.13	1.00								
电力的排放比例	-0.10	-0.34	0.00	-0.35	0.05	0.25	-0.22	1.00							
脱硫设施规划确定目标	0.63	0.11	-0.36	0.31	-0.39	-0.33	-0.03	-0.23	1.00						
排放标准确定的目标	-0.06	-0.17	0.29	-0.19	-0.41	0.75	0.10	0.10	0.02	1.00					
中部	0.35	-0.23	-0.32	-0.18	0.01	-0.28	0.05	0.21	0.16	-0.08	1.00				
西部	0.24	0.39	-0.26	0.14	-0.17	-0.46	-0.08	-0.29	0.21	-0.54	-0.46	1.00			
人均排放量	0.01	0.24	0.03	-0.01	0.24	-0.14	-0.40	0.18	-0.03	-0.44	-0.03	0.25	1.00		
"十五"目标完成率	0.44	-0.30	-0.60	-0.05	0.00	-0.22	-0.14	0.30	0.32	-0.07	0.42	-0.17	0.17	1.00	
电力外调比例	0.40	-0.05	-0.47	-0.02	0.21	-0.54	-0.05	0.28	0.10	-0.44	0.52	0.06	0.35	0.31	1.00

注：数据不包括青海、海南、西藏、上海、香港、澳门和台湾

表 4.1（b）　变量摘要

变量	单位	数据年份/时期	数据量	平均值	标准差	最小值	最大值
减排目标	%	"十一五"规划	27	-10.1	5.7	-20.4	0
省会城市二氧化硫浓度	mg/m³	2005	27	0.057	0.020	0.02	0.12
非电力排放密度	t/km²	2005	27	2.97	2.09	0.2	7.9
长期目标	%	"十一五"规划	27	0.81	1.02	-0.3	3.7
总排放	万 t	2005	27	91.97	48.39	19.0	200.2
人均 GDP	万元/人	2005	27	1.55	0.91	0.5	4.5
二氧化硫去除率	%	2005	27	0.28	0.16	0.1	0.6
电力的排放比例	%	2005	27	0.52	0.11	0.3	0.7
脱硫设施规划确定的目标	%	"十一五"规划	27	-0.09	0.11	-0.3	0.1
排放标准确定的目标	%	"十一五"规划	27	-0.13	0.09	-0.2	0
中部			27	0.33	0.48	0	1
西部			27	0.30	0.47	0	1
人均排放量	kg/人	2005	27	22.95	13.26	9.3	61.0
"十五"目标完成率	%	"十五"计划	27	0.51	0.34	0.0	1.3
电力外调比例	%	2005	27	0.03	0.24	-0.6	0.6

省级目标密切相关，与脱硫设施规划预期的二氧化硫排放量、"十五"目标实现情况和电力外调正相关。

虽然非线性项，如非电力二氧化硫排放密度的平方项在模型中可能显示具有统计上的显著性，但其在省级目标分解协商中的实际应用难度较大。中国很可能没有使用书面公式来决定省级目标。因此，非线性关系对于协商来说太复杂了，尤其是那些关系中有转折点的变量。此外，变量的异常值也可能会极大地改变模型结果。例如，如果模型中出现上海，其较大的非电力二氧化硫排放密度会使相应的系数大不相同。这些省份可能会经历特别的协商过程。因此，本节的模型将仅使用线性项来分析中国的目标分解原则。

关于回归模型的另一个考虑是：是否应该包含常量。如果所有省份都从一个基本的减排目标出发再根据具体情况进行调整，则常量将显示统计显著性，并且解释的方差 R^2 应高于无常量模型。然而，统计模型的分析结果却显示并非如此（表4.2）。因此，在模型的其他分析中没有包括常量。

表 4.2 全国目标向省份分解的统计回归模型结果

自变量	模型1	模型2	模型3	模型4	模型5	模型6	模型7	模型8	模型9
省会城市二氧化硫浓度	39.51	40.03	47.28						
非电力排放密度	-1.14*	-1.14*	-1.22***	-0.80	-1.00*	-0.83*	-1.34***	-1.29***	
长期目标	-0.88	-0.86	-0.99	-0.43					
总排放	-0.041*	-0.041*	-0.038*	-0.064***	-0.042**	-0.066***	-0.047***	-0.033**	-0.058***
人均GDP	-1.98	-1.95	-2.25	-1.87*	-1.47	-1.73*	-1.27*	-0.97	-2.79***
二氧化硫去除率	4.36	4.48	2.40						
电力的排放比例	-2.63	-2.42	1.43						
脱硫设施规划确定的目标	14.08	14.10*	15.35**		12.98*			15.39**	10.09
排放标准确定的目标	15.47	15.38	9.83		12.55			3.33	12.71
中部	-0.18	-0.13	0.36						
西部	-0.95	-0.90	-0.99						
人均排放量	0.07	0.07		0.01	0.05				
"十五"目标完成率	0.57	0.58		2.16	0.73	1.98			3.62**
电力外调比例	3.74	3.69		3.96	4.43	4.48			6.33**
常量	0.31								
调整 R^2	0.76	0.95	0.94	0.93	0.94	0.93	0.93	0.94	0.94

* 显著性为10%，＊＊ 显著性为5%，*** 显著性为1%

模型结果表明，在向各省（市、自治区）分解国家目标时，有两个变量是最重要的。首先，较富裕的省份往往减排目标更高。2005年省级人均GDP与"十一五"规划中的二氧化硫减排目标相关系数为-0.48（表4.1），统计模型却没有显示人均 GDP 一致的统计显著性（表 4.2）。但是，如果排除 2005 年非电力排放密度或脱硫设施规划所预期的省级排放量，人均 GDP 的影响将变得显著。每增加 1 万元，该省的二氧化硫排放量目标就需要在 2005 年的基础上减少 1.3%。在解释模型结果时，一个问题是两个自变量具有高度相关性，并且在某些情况下都显示出统计显著性，然而这在协商中应该无关紧要。只要没有明确的公式来决定目标，一个省（市、自治区）可以总是用某个因素来论证，以产生对其更有利的目标。例如，上海 2005 年非电力二氧化硫排放密度远高于其他省份，但其 2005 年人均 GDP 的领先幅度明显缩小（5.2 万元/人，而第二高的为 4.5 万元/人）（National Bureau of Statistics of China，1999；Zou et al.，2006）。相比之下，上海可以从人均 GDP 的角度要求一个稍微宽松些的目标。其次，排放量大的省份目标会更高，为实现国家目标而承受着更大的减排压力。2005 年各省（市、自治区）排放量表现出一致的统计显著性（表 4.2）。每增加 10 万 t 二氧化硫排放量会使得"十一五"省级排放量目标进一步降低约 0.47%。再次，非电力排放密度也表现出一致的统计显著性。若每平方公里多排放 1t 二氧化硫，该省份就需要进一步减少排放总量约 1.3%。

值得注意的是，有几个变量并没有显示出太大的影响。第一，环境质量较差的省份可能没有分配到更高的目标。省会城市的二氧化硫浓度对省级目标没有显著影响（表 4.2）。在大多数省份中，省会城市只占土地总面积的一小部分，因此不能代表该省的整体环境质量。这个变量的另一个问题是它在模型结果里系数的符号。直观地说，该符号应该是负的，更差的空气质量需要减少污染物排放更多。然而，模型系数虽然不显著，但始终为正（表 4.2 中的模型 1–3）。为了避免其影响，其他模型没有包括该变量。第二，人均排放量较高的省份没有被要求更深度地减排。人均排放量与省级减排目标没有显著关系。第三，前期在二氧化硫排放控制方面的努力并没有在后来的目标分解时获得奖励。2005 年的二氧化硫去除率和"十五"计划的目标实现率这两个相关变量都没有显示出一致的统计显著性。前期的成绩并没有使二氧化硫排放控制的未来目标变得更宽松，而过去的失败也没有在目标分解中受到惩罚。由于"十五"计划中二氧化硫排放量的目标实现率与省级排放增长率具有很高的相关性，模型结果也表明，较快的排放增长对省级目标没有显著影响。从国家的行政制度来看，这个结果是合理的。省级和其他地方领导人通常每五年轮换一次。如果一届政府没有达成目标，其失败不会让下一届政府受到惩罚。第四，电力外调导致了减排目标有所下调，但这种关系没有统计显著性。国家在环境目标分解时应该没有特别考虑电力生产和消费空间分离的影响。第五，一个省（市、自治区）所在的空间区域对于减排目标分解没有影响。这些区域特性应该已经被包含在了其他变量中。例如，长期目标已经考虑了盛行风向和西部二氧化硫排放的可能传输效应。西部和中部省份经济发展比东部省份差，这已经反映在人均 GDP 中。

因此，在"十一五"规划中国家二氧化硫排放目标的分解有三个主要原则：污染更重、排放总量更大、人均 GDP 更高的省份应该减排更多。第二项原则是最一贯适用的。决定省级目标的公式可以写成：

省级减排目标（0 至 –100%）= –1.34×非电力排放密度（t/km^2）– 0.047×总排放量（万 t）–1.27×人均 GDP（万元/人）

27 个省份在"十一五"规划中的算术平均减排目标为 –10.1%。该公式的计算结果为 –10.2%：人均 GDP –2.0%；非电力二氧化硫排放密度 –4.0%；总排放量 –4.3%。模型的解释力很高，调整 R^2 通常超过 0.93（表 4.2 中的模型 7）。

二、从省级政府到地级市政府的目标分解

2006 年国家环境保护总局发布了一份指南，指导如何将二氧化硫减排目标或者排放配额进一步分解到下一级政府（SEPA，2006a）。二氧化硫总排放被分为电力部门（容量不低于 6MW 的机组）和非电力部门（SEPA，2006a）。电力二氧化硫排放配额的分解通常根据允许排放强度（$g\ SO_2/(kW \cdot h)$，随着机组建成时间的不同而变化）分配给每个燃煤电厂（SEPA，2006a）。如图 4.1 所示，新建以及东部或较富裕省份的燃煤电厂的允许排放强度更为严格。从各省（市、自治区）到各地市，环境质量标准中二氧化硫 $0.060mg/m^3$ 的阈值被用来限制非电力部门污染源的配额（SEPA，2006a）。该指南没有阐明目标分解的所有细节，非电力部门配额分配的决定权则是留给了省级政府。更重要的是，一个地区的剩余排放配额允许跨区域转移或交易（SEPA，

2006a）。

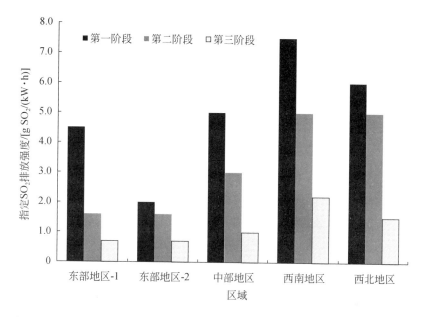

图4.1 "十一五"规划中2010年燃煤电厂分配二氧化硫排放配额时允许的
二氧化硫排放强度（SEPA，2006a）

属于第一阶段的燃煤电厂是指1996年12月31日前上线或者通过环境影响评价报告的。第二阶段从1997年1月1日至2003年12月31日。第三阶段自2004年1月1日始。"东部地区-1"包括辽宁、河北、山东、浙江、福建和海南。"东部地区-2"覆盖北京、天津、上海、江苏。"中部地区"指黑龙江、吉林、山西、河南、湖北、湖南、安徽、江西等。"西南地区"是重庆、四川、贵州、云南、广西和西藏。
"西北地区"有内蒙古、陕西、甘肃、宁夏、青海、新疆

　　在分配省级目标时，官方文件没有定性地说明哪些影响因素是重要的。此外，地市级数据的公开程度弱于省级。在分析省级目标分解方案时，有两个方面需要特别注意：①与国家目标分解原则是否相同；②原国家环境保护总局的上述指导意见是否被严格遵守。本节将探讨四个省的目标分解原则：河北、广东、江苏和山西。表4.3给出了有统计显著性的模型结果，而表4.4显示了上述四省与国家目标分解原则的差异。

表4.3　省级目标向地市分解的统计回归模型结果

省份	河北	广东	江苏	山西
数据量	11	15	13	11
2005 年非电力排放密度			−1.5 **	
2005 年人均 GDP		−7.2 ***	6.2 ***	
2005 年二氧化硫排放量		−3.3 ***	−1.4 **	−0.98 ***
2005 年电力的排放占比			−58.1 ***	
常量	−15.1 ***	33.9 ***	21.4 **	
调整 R^2	0.90	0.76	0.86	0.87

注：广东省 2005 年二氧化硫排放量不超过 1.1 万 t 的 6 个地级市不包括在该模型中。** 显著性为 5%，*** 显著性为 1%

表4.4　省级目标分解原则矩阵

目标		富裕地市减排		
		更少	中性	更多
排放量大的地市减少	更少			
	中性			河北
	更多	江苏	山西	广东

　　各省（市、自治区）在省内减排目标分解上确实拥有高度自主权。上述四个省的不同分解模型可以证明该项权力已经大体下放了。

　　河北省所有地市的减排目标大致相同。该省的"十一五"规划省级目标是在 2005 年的 150 万 t 基础上减少 15%（State Council，2006）。2005 年它有 11 个地市，二氧化硫排放量从 4.5 万 t 到 31.1 万 t 不等（Hebei Provincial Government，2007）；人均 GDP 也各不相同，从 9900 元到 27 900 元（Hebei Provincial Statistics Bureau，2006）。2005 年河北省电力部门在二氧化硫排放中的占比数据未知，因此模型中应用了 2010 年目标中的信息：电力部门的占比在 13.4%–53.4%（Hebei Provincial Government，2007）。尽管各地市在排放量和发展程度上差异显著，地市级"十一五"目标与省级目标都相差无几，为减排 14.1%–15.8%（Hebei Provincial Government，2007）。统计模型的常量项显示了一致的统计显著性（表4.3），但人均 GDP 和二氧化硫排放量都没有对地市级目标产生显著影响。如果中央政府的目标分解指南被严格遵循，那么电力部门二氧化硫排放量更多的地市应该会分配到更严格的减排指标。但似乎这个因素没有对地市级目标产生显著影响。

在广东省，由于经济更发达且二氧化硫排放量更多，因此其减排指标也更严格。在"十一五"规划中，广东省的目标是在 2005 年的 129 万 t 基础上减少 15%（State Council，2006）。在广东省 21 个地市中，有 5 个地市 2005年的排放量低于 1 万 t，另有 13 个地市的排放量不超过 6 万 t（Guangdong Environmental Protection Bureau，2006）。排放量最大的三个地市共排放了 47.5万 t，占地市级排放量的 51%（共 92.9 万 t；其余 36.5 万 t 排放直接计算在省级）（Guangdong Environmental Protection Bureau，2006）。在"十一五"规划中这三个地市应将其合计二氧化硫排放量减少 46%（Guangdong Environmental Protection Bureau，2006），而其他 18 个地市则被允许增加 23%的排放量（Guangdong Environmental Protection Bureau，2006）。统计回归模型可以更好地分析影响因素。为了避免异常值的影响，有 6 个地市因 2005 年的二氧化硫排放量不超过 1.1 万 t 而被排除在外，而 2010 年的目标允许有超过170%的增长。其余 15 个地市的模型显示了人均 GDP 和二氧化硫排放量的重要性（表 4.3）。由于缺乏数据，模型并未检验非电力部门二氧化硫排放密度的影响。与国家目标向省级分解时的情况不同，这里的常数项是统计显著的。2005 年人均 GDP 每增加 1 万元及二氧化硫排放量每增加 1 万 t，地市级的排放目标将分别较 2005 年的基准降低 7.2% 和 3.3%。尽管模型中变量的系数与国家目标分解时的不同，但原则保持不变：富裕和排放量大的城市应该减排更多。

在江苏省，排放量高的城市应该减排更多，但更富裕城市的排放目标可以放松些。江苏省的目标是在 2005 年 123 万 t 的基础上减少 18%（State Council，2006）。13 个地市的二氧化硫排放量为 2.8 万 t 至 24.3 万 t，波动范围尽管比广东省窄，但仍然很大（Jiangsu Provincial Government，2008）。这些地市"十一五"规划二氧化硫减排目标在 2.6% 至 53.6% 之间（Jiangsu Provincial Government，2008）。统计回归模型使用了 2005 年的数据：非电力部门二氧化硫排放密度、人均 GDP、二氧化硫排放量和电力部门在总排放量中的占比（表 4.3）。常量是统计显著的，包括其在模型中也使得调整 R^2 更大。对应一个地市每增加 1 万 t 二氧化硫排放量、1% 的电力部门排放占比和 1t/km² 的非电力二氧化硫排放密度，该地市的"十一五"规划二氧化硫排放目标将有所提高，需要分别减少 1.4%、0.6% 和 1.5%（与 2005 年的水平相比）。这些系数的符号也都是合理的，与国家目标向省级政府分解的情况一致。然而，人均 GDP 却显示出相反的效果：每增加 1 万元/人，该地市二氧化硫排放量允许增长 6.2%。对于一个省而言，这种策略可能会通过向经济发展更好的地市提供更多机会来最大化全省 GDP 和税收收入。

在山西省，排放量较高的地市应该加大减排力度，但收入水平没有显著影响。山西省在"十一五"规划中的目标是在 2005 年 152 万 t 的基础上减排 14%（State Council，2006）。2005 年，其 11 个地市的二氧化硫排放量分别为 9.2 万 t 到 18.5 万 t，与上述三个省或全国情况相比，范围要窄得多（Shanxi Provincial Government，2006）。2005 年山西省各地市人均 GDP 在 0.55 万–2.6 万元（Shanxi Bureau of Statistics，2006），而"十一五"规划二氧化硫减排目标为 8.5% 到 17.8% 不等（Shanxi Provincial Government，2006）。只有二氧化硫总排放量在统计模型中显示出显著影响（表 4.3）。每多排放 1 万 t 二氧化硫，该地市需增加减排约 1%（2005 年的水平基础上）。人均 GDP 系数为负数，但统计上不显著。因此，山西省也遵循了排放量大的地市应该承担更多减排任务的分解原则，但是经济发展程度的影响较小。

综上所述，各省在采用国家目标分解原则方面存在显著差异（表 4.4），这切实反映了中国的治理特别是环境治理中很大程度的放权（见第三章）。地方政府在对地方环境质量负责的同时，也拥有了相应的较独立的治理权力。各省（市、自治区）间最一致应用的原则是，排放量越大减排力度也应越大，而原国家环境保护总局的指南仅被各省（市、自治区）用作参考。

第四节　自下而上的目标实施

为了保证目标能够有效实现，目标实施过程及结果评估和激励是必要的步骤。它检查目标过程的有效性并提供反馈。关键的问题有两个：怎样才能称为目标实现以及如何评估它？对于五年计划/规划，对目标实施情况的评估不会等到其结束。例如，在"十一五"规划期间，国家每半年公布一次省级二氧化硫排放量（State Council，2007c），而在 2008 年底还有一次中期评估（State Council，2007c）。

一、目标实现的标准

在"十一五"规划中，国家建立了"三个系统"来推动二氧化硫减排，包括统计、监测和评估（State Council，2007b）。该能力建设由原国家环境保护总局规划和实施，并得到国务院的批准（State Council，2007b）。由于权力下放，中央政府主要通过管理省级政府进行治理，因此这三个系统只针对省级政府（State Council，2007b），而各省（市、自治区）的下级政府则根据省级政府制定的规则进行评估。例如，浙江省后来针对地市和区县政府颁布了更详细的规定（Zhejiang Provincial Government，2008）。

在"十一五"规划中，省级政府的目标完成情况通过以下三个标准进行考核（State Council，2007b）。第一个标准是关于量化目标本身和环境质量。这通常是一个二元判断：如果目标被实现，那就是完成了任务。在达到减排目标后，进一步的减排不会得到更多的奖励；而如果目标没有完成，再多的排放也不会有额外的惩罚。第二个标准是三项制度的建立和运行：主要污染物的减排目标设定、监测和对目标实现结果的评估（State Council，2007b）。它们主要通过正式文件的颁布和分发来判断。第三个是关于减排措施，包括污染物去除设施的建成和运行、关闭高耗能工厂、政策制定和规划实施（State Council，2007b）。如果三个标准中的任何一个未能通过评估，则总体目标实现情况将被视为不合格（State Council，2007b）。因此，此项评估的一个特点是，量化减排目标的实现并不能确保考核过关。第一个标准侧重于结果，另外两个标准侧重于过程。中央政府对过程的监管为地方政府调整政策并监督其实施提供了反馈。

"九五"计划几乎没有任何明确的方案来评估二氧化硫目标的实现情况（NEPA et al.，1996）。公开的官方文件仅指出二氧化硫控制将每年进行检查和评估，结果将定期公布（NEPA et al.，1996）。二氧化硫目标及其实现过程在"十五"计划中得到了更好的定义，但也没有明确评估方案（SEPA，2001）。《国家环境保护第十个五年计划》只表述了几个原则，包括追究地方政府领导的责任，以及将环境目标的实现与领导绩效考核挂钩（SEPA，2001）。几个五年计划/规划间的演进路径展示了国家在建立二氧化硫排放目标有效评价方案方面的进展。虽然仍然不完美，但"十一五"规划中更明确的方案可以推动实现二氧化硫减排目标。

认识到可靠的数据收集对实现"十一五"规划中的二氧化硫排放目标的重要性，国家加强了能力建设。2006年12月，更新后的《环境统计管理办法》生效（SEPA，2006c）。该办法具体规定了环境统计的组织和人员、环境调查规则以及环境数据的管理和发布（SEPA，2006c）。为实现"十一五"目标，国家以数据可信度为重点加强了统计体系建设。二氧化硫排放量分为三类：电力、非电力工业和生活（State Council，2007b）。根据排放源的大小，前两个工业部门进一步分为两类——重点和非重点调查源，重点调查源占工业二氧化硫排放总量的65%（State Council，2007b）。在不同情形下有三种并行的监测方法：直接监测、按含硫量估算和按排放因子估算，优先采用第一种方法（State Council，2007b）。非重点调查源二氧化硫排放量的估计采用与重点调查源相似的方法（State Council，2007b）。通过煤炭消费量和含硫量数据可以计算出生活源的二氧化硫排放量（State Council，2007b）。此外，如果每年在二氧化硫去除设施的运行中发现数据造假两次以上，则不认可任何与该设施有关的二氧化硫去除量（State Council，2007b）。此外，还颁布了另外两项更为详细的政策来规范排放清单的编制，不仅明确了详细的统计方法，而且对数据报告进行了具体规定（SEPA，2007a；SEPA，2007d）。

二、实现目标的激励措施

自1978年改革开放以来，中央政府已经大幅下放了政府治理权力，如第三章所述，在放权的大背景下，有三项主要的措施可以激励地方政府的配合，包括地方领导人的政绩考核与升迁、行政限制和干预，以及与环保相关联的财政转移支付。环境保护和二氧化硫减排等重点目标的实现与省级领导政绩考核挂钩。"十一五"以来在实施二氧化硫减排目标时，中央考核的是地方政府领导，而不是地方环保部门的领导。"十五"计划中煤炭消费量激增所造成的二氧化硫排放超标表明，污染治理远远超出了地方环保部门的责任范围，应该依靠地方政府的统筹。

中国共产党对领导人员的晋升或罢免主要通过五个方面考核：德、能、勤、绩、廉（The Central Committee of the Chinese Communist Party，2002）。此外，在"科学发展观"形成后，资源消耗、环境保护等被明确指出为"绩"的主要内容（Department of Organization of the Chinese Communist Party，2006）。《主要污染物总量削减目标责任书》进一步明确了地方政府领导人的责任（SEPA，2006b）。为实现"十一五"规划中的二氧化硫减排目标，实际工作中启用了问责制和一票否决制这两个制度（State Council，2007a）。"问责制"要求地方政府领导人对其管辖范围内的环境治理负责。"一票否决"是指如果二氧化硫减排目标未能达到，地方政府领导人将无法通过对其整体工作绩效的考核。另外，成功实现目标是一项重要的成就，有助于领导人员的晋升。环境保护部（后来的生态环境部）逐步推广了一种针对地方领导人的制度，即"约谈"环境问题严重或环境目标失败的省市最高领导人（Ministry of Ecology and Environment，2020a）。

尽管很多治理权力逐步下放，但中央政府在必要的时候还是可以进行直接政策干预，以强力推动地方政府的合作。中央政府"十一五"规划中采用的另一个机制是暂时收集地方政府的某些施政能力，如地方政府未实现既定任务，在一定时期内所有新建项目的环境影响评价将无法通过。"十一五"期间，大型建设项目仍需中央批准。在环境保护方面，每个可能破坏环境的项目都应出具环境影响评估（EIA）报告，并提交各级政府批准（National People's Congress，2002）。原国家环境保护总局和后来的环境保护部（MEP）在中央一级负责大型项目，例如超过200MW的新建燃煤电厂的审批（SEPA，2002）。环评报告没有通过的项目都不能合法地开始建设。2007年初，国家环境保护总局暂停审批四个城市和四个发电集团的环评报告（SEPA，2007c），时效为三个月，以督促其落实环保工作（SEPA，2007b）。在那之后，这一"区域限批"办法正式确立并与环境目标是否完成直接关联（SEPA，2008）。未能实现二氧化硫减排目标可能导致该区域/地方政府辖区被限批一个月、三个月或半年。如果还没有取得符合要求的进展，限批甚至可能会持续更长时间。"限批"政策可能严重影响地区经济发展。由于GDP是评估地方领导人政绩最重要的指标，因此该机制可以有效地促进地方政府的合作。投资是国家经济发展的"三驾马车"之一。例如，2007 年中国 GDP 总额为 24.7 万亿元人民币，投资贡献了 13.7 万亿元人民币，约占 56%（National Statistics Bureau，2008）。一个月的限批就可以推迟建设并严重影响投资，从而影响当地经济。GDP 增长率本身在评价地方政府领导人政绩方面占据最重要的地位。此外，经济的蓬勃发展使扶贫、医疗、教育和其他关键政府事务预算增加，其中许多方面也被纳入了对领导者的考核。

财政转移支付尚未与环境目标的实现明确挂钩。然而，中央向地方规模庞大的财政转移支付（如第三章所述）如果在制度上与污染物排放控制相关联，则有可能有力地动员地方政府进行环境保护。

随着中国政府权力的进一步下放，上述第一个直接针对地方政府领导人的机制将变得更加重要。四十年来，中央政府不断放松对地方政府事务的直接干预。作为经济改革的一个关键特征，国家大大缩减了行政审批的要求，并将剩余的大部分审批权力下放给地方政府（State Council，2013b；State Council，2014）。例如，2015 年后环境保护部不再负责审批化石燃料发电厂的环评报告，相关权力下放给了省级政府（MEP，2015；Ministry of Ecology and Environment，2019）。

第五节　目标的演变

针对空气污染危害健康的不同控制策略，可以明确三种主要类型的目标。第一，重点污染物（包括二氧化硫）的减排目标旨在直接针对污染源。第二类则侧重于控制空气污染物浓度。各国广泛采用环境空气质量标准，以规定关键空气污染物的浓度阈值，例如二氧化硫、细颗粒物（PM$_{2.5}$）和臭氧（O$_3$）。如上所述，控制环境二氧化硫浓度是决定中国二氧化硫长期减排目标为 1200 万 t 的关键科学基础（Yang et al.，1999）。第三种类型通过空气质量指数（AQI）来全面限制环境质量，该指数综合度量了多种关键空气污染物浓度，还指导人们如何调整自己的活动来与空气质量条件相适应。虽然这三种策略在保护公众健康方面具有相似的最终目标，但它们对实施有不同的影响。地方政府能直接减少当地污染物排放，而当地污染物浓度则取决于其管辖范围以内和以外的排放以及天气条件、土地利用与其他因素。在不同类型的目标下，地方政府的应对策略也可能会有很大差异，从而影响其环境保护绩效。

在过去二十年里，中国根据不同类型目标不断调整主要环保治理策略。正如《环境保护法》明确规定的那样，地方政府对其管辖范围内的环境质量负责（National People's Congress，1989）。然而，环境保护在20世纪90年代的所有政府事务中的优先级并不高。地方领导人往往更重视经济增长。"十五"计划（2001-2005年）是污染物"总量减排"制度的过渡时期，其间制定了将主要污染物排放减少10%的目标（National People's Congress，2001）。然而，由于缺乏激励措施加之经济增长的加速，二氧化硫排放量反而增加了27.8%，31个省份中只有两个实现了省级目标。也正因为减排任务没有真正落地，对于准确、有效和高效率的环境合规监测需求并不高。"十一五"规划（2006-2010年）是中国环境保护史上的一个里程碑，其间污染物总量减排制度得到加强，同时为地方政府为实现其减排目标制定了严肃且可实施的激励措施（Xu，2011），启动并建立了自下而上的合规排放监测体系（SEPA，2007d）。尽管二氧化硫排放量在"十一五"期间确实下降了，数据造假也暴露了重视目标与合规监测体系的冲突，这点可以从官方和独立排放清单之间的差距看到迹象（Lu et al.，2011）。

关于二氧化硫排放，有两项标准最为重要和直接，即大气污染物排放标准和环境空气质量标准。城市曾设置了"蓝天"日的目标。"蓝天"被定义为空气质量达到二级标准。2012年版环境空气质量标准的一个关键变化是增加了细颗粒物$PM_{2.5}$指标（MEP，2012；National Environmental Protection Administration and State Bureau of Technical Supervision，1996）。$PM_{2.5}$浓度与影响公众健康的空气质量关系更密切，而二氧化硫和其他污染物排放的影响更多是间接的。换句话说，$PM_{2.5}$目标更多地与空气污染控制的目的相关，而二氧化硫排放目标更多地与手段有关。$PM_{2.5}$包含更多的污染物，包括源自二氧化硫排放的硫酸盐颗粒。

随着2012年环境空气质量标准的更新，中国设置了环境空气质量指数（Ministry of Environmental Protection，2012）。它将关键的空气污染物浓度合成一个指数来指示空气质量，分为优、良和污染（包含轻度、中度、重度和严重污染）等不同级别，其分隔的AQI分别为50和100。每个空气污染物都可以计算其单个 AQI（IAQI），而综合 AQI 是最大的 IAQI，或主要空气污染物的 IAQI。AQI 为 50 或更低，相当于一级环境空气质量，为 100 或更低则符合二级标准。它们为中国采取基于空气质量而不是污染物排放的环保策略提供了技术基础。这两项标准都给予了近四年的过渡期，于 2016 年 1 月正式生效。"十二五"规划（2011–2015 年）最初延续了污染物总量控制制度，并纳入了更多的污染物种类（National People's Congress，2011）。然而，2013 年 1 月发生的一次重大空气污染事件，严重影响了华北地区尤其是北京的空气质量，促使中央政府重新考虑其污染控制策略（State Council，2013a），加速了向空气质量目标为导向的转变和两个相关标准的快速落地。

空气质量目标以及二氧化硫和其他主要污染物的减排目标都旨在实现公共健康效益。为了实现空气质量目标，环保发力点仍应主要集中在减少污染物排放及改善其地理和时间分布上。由于空气污染的大气传输，$PM_{2.5}$ 目标的实现不仅取决于一个地区自身的减排努力，还取决于邻近地区的排放情况。对于地理上较狭小的地区，区域间的依赖往往更大。因此，搭便车是一个潜在的问题，会损害参与实质减排的意愿。另外，数据可信度是执行环境政策和自上而下环境目标的关键因素，而污染物减排数据往往比空气质量数据更容易造假。因为全国的污染源数量众多，所以可能使合规监测资源不堪重负，尤其是在人口稀少和欠发达的地区。在"十一五"规划中，原环境保护部组建了督察组来监察各省及其污染企业。然而，数据的质量并不理想，地方政府和污染企业报告的数据篡改严重。二氧化硫排放的数据更容易被篡改，因为自下而上的监测和报告必须经过许多利益相关者，他们有动机少报排放量和多报减排措施。相比之下，环境空气质量数据更难操控，不诚实的行为更容易被发现。中央政府通过地面站和遥感卫星运行独立于地方政府的空气质量监测网络。因此，国家改变了策略并以空气质量改善目标为主要的空气污染控制策略（State Council，2013a）。空气质量监测站比污染源少得多，大大减少了合规监测所需要资源的负担，因此，数据质量会更好，合规的可能性也应该更高。

从"十一五"到"十二五"和"十三五"，减排目标实现的预期惩罚和奖励没有实质性差异。然而，即使考虑到经济增长速度较慢，"十二五"和"十三五"期间也实现了更快的二氧化硫减排。这可能表明，搭便车的问题不如数据可信度重要。此外，二氧化硫只是众多污染物中的一种，而 $PM_{2.5}$ 是更佳的空气质量综合指标。地方政府在权衡选择各种减排技术和政策方案时可以有更大的灵活性。它还可能鼓励更多的地方政策创新，并通过平衡污染物的边际减排成本来实现更好的成本效益。

此外，虽然自"十一五"的减排目标都完成了，但空气质量并未有显著改善。其中一个原因可能是上文所讨论的排放数据报告方面的问题。另一个更重要的原因是二氧化硫在环境空气质量中越来越不重要，成功实现二氧化硫减排目标与空气质量改善之间存在着巨大差距。例如，河北省通常是中国甚至世界上人为 $PM_{2.5}$ 浓度最高的几个地区之一。以省会石家庄的空气质量为例，可以说明 $PM_{2.5}$ 对新的环境空气质量标准和目标的重要性。石家庄在减少二氧化硫排放和环境二氧化硫浓度方面取得了重大进展。强烈的季节性周期显示冬季或供暖季节是二氧化硫浓度最高的季节，因此 2014 年前三个月石家庄的二氧化硫浓度有 90% 的时间超过了一级标准的限值（$50\mu g/m^3$）（图 4.2）。相比之下，从 2019 年 2 月到 2020 年 2 月，未出现超标（图 4.2）。

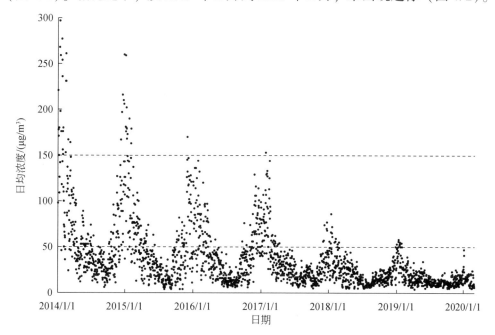

图 4.2　石家庄市二氧化硫浓度（Ministry of Ecology and Environment，2020b）

2014 年 1 月 1 日至 2020 年 2 月 29 日，上下虚线水平线分别表示 1996 年和 2012 年中国环境空气质量标准中的二级和一级标准它说明了中国在控制二氧化硫排放和降低二氧化硫浓度方面所做的艰苦而有效的努力。2020 年二氧化硫减排的目标是 $0.060\mathrm{mg/m^3}$ 或 $60\mu\mathrm{g/m^3}$，虽然难度很大，但该目标已经实现了（SEPA，2006a）。不过，从 $PM_{2.5}$ 来看，石家庄的情况不容乐观，其 $PM_{2.5}$ 浓度经常超过更宽松的二级标准（图 4.3）。

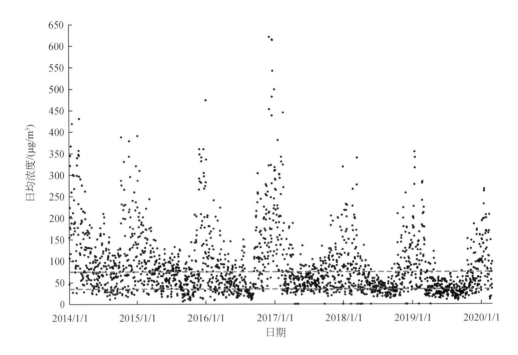

图 4.3　石家庄市 $PM_{2.5}$ 浓度（Ministry of Ecology and Environment，2020b）

2014 年 1 月 1 日至 2020 年 2 月 29 日，上下虚线水平线分别表示中国 2012 年环境空气质量标准中的二级和一级标准

　　$PM_{2.5}$ 不是单一的污染物，而是粒径小于或等于 $2.5\mu\mathrm{m}$ 的一组污染物。二氧化硫是一种气态污染物，可以在大气中转化为硫酸盐颗粒，成为 $PM_{2.5}$ 的重要组成部分。中国北方的采暖季节往往有更多的煤炭消耗和污染物排放，而逆温（当暖空气在垂直高度上高于冷空气时）在冬季地面寒冷时更频繁抑制对流，从而促进污染物浓度的积累。虽然二氧化硫是 $PM_{2.5}$ 的关键先导污染物之一，但其他空气污染物也是形成 $PM_{2.5}$ 的关键成分。

　　此外，臭氧（O_3）污染在此期间严重恶化。O_3 和 $PM_{2.5}$ 浓度往往具有相反的季节周期。在大气中形成 O_3 的化学反应涉及 NO_x、VOC 和阳光，在夏季更容易达到反应条件。$PM_{2.5}$ 和二氧化硫浓度在冬季达到峰值，O_3–8h 浓度（日最大 8h 平均浓度）在夏季最高（图 4.4）。因此，二氧化硫排放和二氧化硫浓度的减排目标与主要对应于 $PM_{2.5}$ 和 O_3 浓度的空气质量相距越来越远。

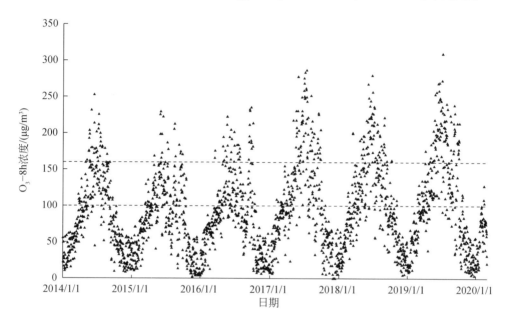

图 4.4　石家庄市 O_3–8h 浓度（Ministry of Ecology and Environment，2020b）

2014 年 1 月 1 日至 2020 年 2 月 29 日，上下虚线水平线分别表示中国 2012 年
环境空气质量标准中的二级和一级标准

　　自 2014 年以来，二氧化硫不再是决定石家庄每月 AQI 的主要污染物（图 4.5）。$PM_{2.5}$ 在 2016 年之前主导 AQI，而在 2017 年及之后，随着 $PM_{2.5}$ 浓度的降低和 O_3–8h 浓度的上升，O_3 成为夏季的主要空气污染物，而 $PM_{2.5}$ 在冬季仍然占主导地位（图 4.5）。其他城市的趋势也类似。例如，在北京，O_3 成为夏季 AQI 的主要污染物比石家庄还要早（图 4.6）。在冬季温和、阳光充足的中国南方，O_3 对 AQI 的影响则完全超过了 $PM_{2.5}$。例如，在深圳，大多数月份的 AQI 由 O_3–8h 浓度决定，而不是 $PM_{2.5}$（图 4.7）。

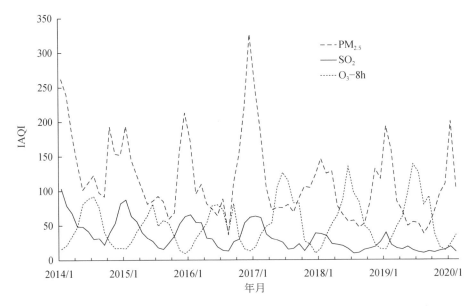

图 4.5　石家庄市月平均 AQI（Ministry of Ecology and Environment，2020b）

2014 年 1 月至 2020 年 2 月，根据每日数据计算

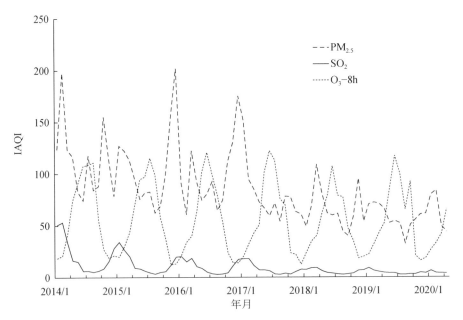

图 4.6　北京市月平均 AQI（Ministry of Ecology and Environment，2020b）

2014 年 1 月至 2020 年 2 月，根据每日数据计算

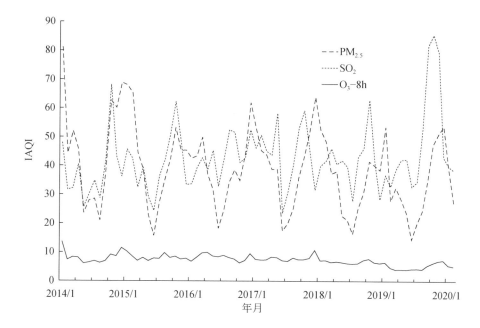

图 4.7　深圳市月平均 AQI（Ministry of Ecology and Environment，2020b）

2014 年 1 月至 2020 年 2 月，根据每日数据计算

　　从 2014 到 2020 年，我国各大城市 $PM_{2.5}$ 浓度和相应的空气质量指数均有所下降，但 O_3–8h 总体呈上升趋势。在过去几年出现不同趋势的一个原因或许与制定了 $PM_{2.5}$ 浓度目标而未制定 O_3 浓度目标有关。在"十三五"规划中，除了制定二氧化硫和 NO_x 排放减少 15% 的目标，国家进一步制定了空气质量目标：城市 AQI 低于 100 的天数比例应达到 80%，且 $PM_{2.5}$ 浓度低于二级标准（75μg/m³）的城市，应在五年内将这一指标降低 18%（National People's Congress，2016）。

　　AQI 综合考虑了 $PM_{2.5}$ 和 O_3，是一种更全面的空气污染度量指标。在中国进一步的目标演化中，特别是进入"十四五"规划（2021–2025 年）后，它可以在动员地方政府治理大气污染方面发挥更突出的作用。

参 考 文 献

The Central Committee of the Chinese Communist Party. 2002. *Regulations on selecting and appointing leaders of the party and governments.* Beijing, China：The Central Committee of the Chinese

Communist Party.

Chakravarty, S., Chikkatur, A., De Coninck, H., Pacala, S., Socolow, R. & Tavoni, M. 2009. Sharing global CO$_2$ emission reductions among one billion high emitters. *Proceedings of the National Academy of Sciences of the United States of America*, 106, 11884-11888.

Chinese Academy for Environmental Planning (CAEP). 2004. *Basic thoughts on national 11th five-year plan on environmental protection*. Beijing, China: CAEP.

Department of Organization of the Chinese Communist Party. 2006. *Temporary methods to evaluate local leaders for realizing scientific view of development*. Beijing, China: Chinese Communist Party.

DeYoung, K. 2009. Obama sets timetable for Iraq. *Washington Post*, February 28.

Guangdong Environmental Protection Bureau. 2006. *The 11th five-year plan on major pollutants emission goals of municipalities in Guangdong province*. Guangzhou, China: Guangdong Environmental Protection Bureau.

Hebei Provincial Government. 2007. *The 11th five-year plan on environmental protection of Hebei province*. Shijiazhuang, China: Hebei Provincial Government.

Hebei Provincial Statistics Bureau. 2006. *Hebei economy statistics yearbook*. Beijing, China: China Statistics Press.

Jiangsu Provincial Government. 2008. *The 11th five-year plan on environmental protection and ecological construction of Jiangsu province*. Nanjing, China: Jiangsu Provincial Government.

Li, J. 2010. *How to allocate CO$_2$ mitigation responsibilities within China—application of a new burden-sharing scheme*. Ph. D. dissertation, Princeton University Press, Princeton, NJ.

Liu, G., Zhang, Z., Dong, Z. & Wu, L. 2006. *Research report on China's ten five-year plans*. Beijing, China: People's Press.

Locke, E. A., Saari, L. M., Shaw, K. N. & Latham, G. P. 1981. Goal setting and task-performance-1969-1980. *Psychological Bulletin*, 90, 125-152.

Lu, Z., Zhang, Q. & Streets, D. G. 2011. Sulfur dioxide and primary carbonaceous aerosol emissions in China and India, 1996-2010. *Atmospheric Chemistry and Physics*, 11, 9839-9864.

Ma, K. 2005. *Strengthen the scientific and democratic planning process and write a good 11th five-year plan*. Beijing, China: The 4th Conference of the 10th National People's Congress.

MEP. 2012. *Ambient air quality standards*. GB 3095-2012. Beijing, China: MEP.

MEP. 2015. *Catalogue of construction projects for environmental impact assessment ratification from the ministry of environmental protection (2015 version)*. Beijing, China: MEP.

Ministry of Ecology and Environment. 2019. *Catalogue of construction projects for environmental impact assessment ratification from the ministry of environmental protection (2019 version)*. Beijing, China:

Ministry of Ecology and Environment.

Ministry of Ecology and Environment. 2020a. *Method for interview appointment by the ministry of ecology and environment（Draft for comments）*. Beijing, China: Ministry of Ecology and Environment.

Ministry of Ecology and Environment. 2020b. *Realtime city air quality data* ［Online］. Available: www. mee. gov. cn/.

Ministry of Environmental Protection. 2008. *Assessment reports on provincial emissions of major pollutants*. Beijing, China: Ministry of Environmental Protection.

Ministry of Environmental Protection. 2012. *Technical regulation on ambient air quality index（on trial）*. Beijing, China: Ministry of Environmental Protection.

National Bureau of Statistics. 1997- 2008. *China energy statistical yearbook.* Beijing, China: China Statistics Press.

National Bureau of Statistics. 2006. *China statistical yearbook.* Beijing, China: China Statistics Press.

National Bureau of Statistics. 2019. *China statistical yearbook.* Beijing, China: China Statistics Press.

National Bureau of Statistics of China. 1999. *China statistical yearbook.* Beijing, China: China Statistics Press.

National Environmental Protection Administration & State Bureau of Technical Supervision. 1996. *Ambient air quality standard.* GB 3095-1996. Beijing, China: NEPA.

National People's Congress. 1989. *Law of environmental protection.* Beijing, China: The 4th Conference of the 10th National People's Congress.

National People's Congress. 2001. *The outline of national 10th five-year plan on economic and social developments.* Beijing, China: The 4th Conference of the 9th National People's Congress.

National People's Congress. 2002. *Law of environmental impact assessment.* Beijing, China: The 4th Conference of the 10th National People's Congress.

National People's Congress. 2006. *The outline of the national 11th five-year plan on economic and social development.* Beijing, China: The 4th Conference of the 10th National People's Congress.

National People's Congress. 2011. *The outline of the national 12th five-year plan on economic and social development.* Beijing, China: The 4th Conference of the 10th National People's Congress.

National People's Congress. 2016. *The outline of the 13th five- year plan on economic and social development.* Beijing, China: The 4th Conference of the 10th National People's Congress.

National Statistics Bureau. 2008. *China's economic growth in 2007.* Beijing, China: China Statistics Press.

National Statistics Bureau & Ministry of Ecology and Environment. 2019. *China statistical yearbook on environment 2018.* Beijing, China: China Statistics Press.

NDRC. 2003. *Establish a new view of development and do well in preparing writing the 11th five-year plan.* Beijing, China: NDRC.

NDRC. 2005. *On the basic thoughts of the national 11th five-year plan.* Beijing, China: NDRC.

NEPA, National Planning Commission & NETC. 1996. *The national 9th five-year plan on controlling major pollutants' emissions.* Beijing, China: NEPA, NPC, NETC.

NEPA & SBTS. 1996. *Ambient air quality standard.* GB 3095-1996. Beijing, China: NEPA, SBTS.

Pacala, S. W. & Socolow, R. H. 2004. Stabilization wedges: Solving the climate problem for the next 50 years with current technologies. *Science*, 305, 968-972.

Pouyat, R. V. & McGlinch, M. A. 1998. A legislative solution to acid deposition. *Environmental Science & Policy*, 1, 249-259.

Roberts, L. 1991. Acid-rain program-mixed review. *Science*, 252, 371.

SEPA. 2001. *National 10th five-year plan on environmental protection.* Beijing, China: State Environmental Protection Administration.

SEPA. 2002. *Regulation on ratifying environmental impact assessment reports of construction projects at different government levels.* Decree No. 15. Beijing, China: State Environmental Protection Administration.

SEPA. 2005. *Plan on controlling acid rain and SO_2 emissions (draft for comments)* . Beijing, China: State Environmental Protection Administration.

SEPA. 2006a. *Guidelines on calculating SO_2 emission quotas.* Beijing, China: State Environmental Protection Administration.

SEPA. 2006b. *A letter on signing up liability contracts of major pollutants.* Beijing, China: State Environmental Protection Administration.

SEPA. 2006c. *Management methods of environmental statistics.* Beijing, China: State Environmental Protection Administration.

SEPA. 2006d. *Monthly information on writing the national 11th five-year plan on environmental protection.* Beijing, China: State Environmental Protection Administration.

SEPA. 2007a. *Detailed methods to verify major pollutants emission reduction in the 11th five-year period (on trial)* . Beijing, China: State Environmental Protection Administration.

SEPA. 2007b. *Lvliang and Liupanshui municipalities and Huadian corporation are finally removed from suspension.* Beijing, China: State Environmental Protection Administration.

SEPA. 2007c. *SEPA disclosed illegal construction projects and used 'regional suspension of ratification' policy.* Beijing, China: State Environmental Protection Administration.

SEPA. 2007d. *Verification of major pollutants emission reduction in the 11th five-year period (on trial)* .

Beijing, China: State Environmental Protection Administration.

SEPA. 2008. *Management methods of regional suspension of ratifying environmental impact assessment reports（on trial）（draft for comments）*. Beijing, China: State Environmental Protection Administration.

Shanxi Bureau of Statistics. 2006. *Shanxi statistics yearbook*. Taiyuan, China: Shanxi Bureau of Statistics.

Shanxi Provincial Government. 2006. *Notice on controlling major pollutants emissions in the 11th five-year plan*. Taiyuan, China: Shanxi Provincial Government.

State Council. 1990. *Regulations for the implementation of the law of standardization*. Beijing, China: State Council.

State Council. 2005a. *Decisions on realizing scientific view of development and strengthening environmental protection*. Beijing, China: State Council.

State Council. 2005b. *Several advices from the state council on strengthening the enactment of economic and social development plans*. Beijing, China: State Council.

State Council. 2006. *Opinion on pollution emission quota distribution in the 11th five-year plan*. Beijing, China: State Council.

State Council. 2007a. *Notice on distributing composite working plan on energy conservation and pollutant emission reduction*. Beijing, China: State Council.

State Council. 2007b. *Notice on distributing implementation plans and methods of statistics, monitoring and assessment on energy conservation and pollutant emission reduction*. Beijing, China: State Council.

State Council. 2007c. *Notice on distributing the 11th five-year plan on environmental protection*. Beijing, China: State Council.

State Council. 2013a. *Action plans on air pollution prevention and control*. Beijing, China: State Council.

State Council. 2013b. *Decisions on cancelling and decentralizing administrative ratification［2013（19）］*. Beijing, China: State Council.

State Council. 2014. *Decisions on cancelling and decentralizing administrative ratification［2014（5）］*. Beijing, China: State Council.

State Environmental Protection Administration（SEPA）. 2001-2009. *National report on environmental statistics*. Beijing, China: State Environmental Protection Administration.

United Nations. 1992. *United nations framework convention on climate change*. New York: United Nations.

The U. S. Congress. 1990. *Clean air act amendments* 1990. Washington, DC: The U. S. Congress.

U. S. Environmental Protection Agency. 2007. *National emissions inventory (NEI) air pollutant emissions trends data.* Washington, DC: U. S. Environmental Protection Agency.

Wang, J., Wu, X., Cao, D. & Meng, F. 2004. Proposed scenarios for total emission control of SO_2 during the 10th five-year plan period in China. *Research of Environmental Sciences*, 17, 4.

Wang, X. 2002. *Exponent on 'national 10th five-year plan on environmental protection'*. Beijing, China: Science Press.

Xinhua News Agency. 2005. *The birth of 'the suggestions to 11th five-year plan'* [Online]. Beijing, China [Online]. Available: http://news. xinhuanet. com/politics/2005-10/26/content _ 3685219. htm.

Xinhua News Agency. 2006. *The drafting of 11th five-year plan outline.* Beijing, China [Online]. Available: http: //news. xinhuanet. com/politics/2006-03/16/content_ 4308918. htm.

Xu, Y. 2011. The use of a goal for SO_2 mitigation planning and management in China's 11th five-year plan. *Journal of Environmental Planning and Management*, 54, 769-783.

Yang, X., Gao, Q., Jiang, Z., Ren, Z., Chen, F., Chai, F. & Xue, Z. 1998. Research on the transportation and precipitation regular pattern of sulfur pollutants in China. *Research of Environmental Sciences*, 11, 27-34.

Yang, X., Gao, Q., Qu, J. & Jiang, Z. 1999. The exploration and initial assessment of total amount control method for SO_2 emission in China. *Research of Environmental Sciences*, 12, 17-20.

Zhejiang Provincial Government. 2008. *Notice on distributing Zhejiang provincial implementation plans and methods of statistics, monitoring and assessment on energy conservation and pollutant emission reduction.* Hangzhou, China: Zhejiang Provincial Government.

Zou, S., Wang, J. & Hong, Y. 2006. *Research report on national environmental protection plan in the 11th five-year plan.* Beijing, China: China Environmental Science Press.

Zou, S., Zhang, Z., Yan, G. & Tian, R. 2004. Preliminary assessment on medium-term execution of the national tenth five-year plan outline, important eco-environmental conservation and environmental protection plan. *In*: Wang, J., Zou, S. & Hong, Y. (eds.) *Environmental policy research series.* Beijing, China: China Environmental Science Press.

第五章 | 政 策 制 定

第一节 中国在政策制定方面的挑战

政策和目标在任何国家的治理中都很重要，但在不同的治理策略下，它们的相对作用有两种主要形式。一种是规则通过政策（和法律）制定，而污染者和其他利益相关者则根据规则行动。在基于规则的治理中，政策排在第一位，而目标则更隐含地排在第二位。另一种策略首先明确制定目标，而政策是次要的，可以更加灵活。由于法制尚未完善，中国如果采用基于规则的治理策略，特别是考虑到快速发展的经济和社会状况，政策供给将面临如下分析的巨大挑战。

一、行动与结果之间联系不明确

中国正在迅速工业化，经济高速增长。计划好的行动能否实现预期目标具有很大的不确定性。二氧化硫排放以及其他环境问题往往具有广泛的经济、能源和环境影响因素，而且排放源分散在许多重要的部门中。二氧化硫减排的许多关键治理措施超出了环境保护——特别是生态环境部（以及前环境保护部）的管辖范围。政策执行主要由地方政府负责，而中央政府的架构和人力、物力资源配置都使其不能作为政策的主要执行机构。此外，中国的复杂性也会给预先计划的行动与目标之间的因果联系带来巨大的不确定性。中国在"十五"和"十一五"期间都规划了为实现二氧化硫减排10%目标所要采取的必要行动，但实施结果却大相径庭。在《中华人民共和国国民经济和社会发展第十个五年计划纲要》（"十五"纲要）中，明确了"主要污染物"减少 10% 的目标（National People's Congress，2001）。"主要污染物"后来被定义为二氧化硫、尘（烟尘及工业粉尘）、COD（化学需氧量）、氨氮和工业固体废物（SEPA，2001）。不属于环保管辖的外部措施，特别是节能措施，没有出现在国家"十五"纲要中（National People's Congress，2001）。但是，《国民经济和社会发展第十个五年计划能源发展重点专项规划》提出了五年内能源强度降低 15% – 17% 和煤炭占能源消费总量降低 3.88% 的目标（NDRC，2001）。中国的经济增长率是影响二氧化硫排放的另一个关键因素，"十五"纲要中估计为 7%（National People's Congress，2001）。2001 – 2005 年，根据官方数据反向计算的煤炭含硫量从 1.22% 下降到 1.05%（Xu et al.，2009），并且安装了更多的脱硫设施。"十五"期间二氧化硫排放量超标的一个主要原因是由于经济增长加速导致煤炭消费意外激增，五年内煤炭消费量增长高达 87.6%，抵消了原国家环保总局的减排治理努力（BP，2019）。

"十一五"规划结构略有不同。在同样的 10% 减排目标下，《中华人民共和国国民经济和社会发展第十一个五年规划纲要》直接定义了"主要污染物"，但缩小了其范围，仅涵盖二氧化硫和 COD 作为主要关注点（National People's Congress，2006）。其他污染物在环境保护专项规划中虽有所涉及，但关注度比二氧化硫和 COD 低了一个级别（State Council，2007b）。能源强度降低 20% 的节能目标被提升到国家层面。煤炭在能源消费总量中的占比仍然保留在能源发展重点专项规划中，五年内需要下降 3%（NDRC，2007）。按照"十一五"规划，中国经济将每年增长 7.5%，尽管这一目标可能有些保守（National People's Congress，2006）。这些规划目标与"十五"相当接近。单纯从规划的角度来看，这两个减少 10% 的二氧化硫排放目标都应该能实现。然而，结果却相差很大，这也表明了很难预见政策和行动是否足够达成目标。

二、政策与减排行动的关联不确定

在美国控制二氧化硫排放的努力中，1990 年《〈清洁空气法〉修正案》制定了酸雨计划，此计划被认为是解决该问题最重要的法律（The U. S. Congress，1990）。然而，在中国却没有一项单独的环境政策在二氧化硫减排事务中具有同等的重要性。与以目标为中心的治理相比，基于规则治理的政策供给有相对较少的政策（或法律），而有些政策（或法律）对实现环境保护的预期目标至关重要。每项政策都有更长的制定程序和实施范围，这使得政策制定过程冗长而谨慎。因此，一项关键政策的失败/成功对环境保护的结果将产生根本性的影响。在法制已经比较完善、经济社会发展比较成熟的发达国家，政策与污染者行动之间的关联更易于预测，而这些行动则进一步有助于取得预期的结果。然而，中国国情的复杂性使得人们对一项政策能够得到顺利实施并导致预期减排行动的信心要低得多。

各国已经设计和应用了许多环境政策工具。第一大类主要为命令和控制政策，例如强制关闭污染源、制定污染物排放和能源效率标准、应用最佳可得技术等。第二个主要类别是基于经济激励和市场。典型的政策工具包括排污费、环境税、排放权交易和补贴，如各类环境标识和证书等的信息披露，旨在使消费者能够自愿做出明智的消费选择，以尽量减少对环境的影响。

尽管有一些独特，但中国二氧化硫减排政策工具箱与基于规则治理的发达国家并没有根本区别。在中国，以燃煤电厂脱硫设施为主要工程减排手段，并制定了许多政策来强制其建设和正常运行，以满足大气污染物排放标准（Ministry of Environmental Protection and General Administration of Quality Supervision Inspection and Quarantine，2011；State Environmental Protection Administration and General Administration of Quality Supervision Inspection and Quarantine，2003）。中国也一直在尝试市场激励政策，如排放权交易、排污费或环境税（Yan et al.，2009；Dong et al.，2011；Ge et al.，2011；Zhang et al.，2016）。通过运作良好的技术转让市场，来自发达国家的技术许可成为中国减排二氧化硫的重要基石之一，从而建立了庞大的国内脱硫产业，来实现脱硫设施快速建设的同时大幅降低成本（Xu，2011）。

在评估了个别环境政策工具的效果和效率之后，政府选择为了解决特定环境问题而采用的政策（Barron and Ng，1996；Goulder and Parry，2008）。评估最佳政策的准则包括成本效益、应对不确定性的能力、与现行政策工具的协同作用或冲突、守法监测和监察能力及要求，以及污染者的守法情况。后两者与中国这样的发展中国家尤其相关，因为受发展阶段的限制，环境违规行为可能普遍存在。在发达国家，市场激励政策的应用呈上升趋势（Portney and Stavins，2000；Tietenberg，1990）。为降低减排成本，成本有效性是选用这些政策工具的最重要论据（Goulder and Parry，2008）。例如，在美国1990年《〈清洁空气法〉修正案》的酸雨计划中，燃煤电厂的二氧化硫排放总量被限制，排放许可权可以在市场上交易（The U. S. Congress，1990）。与命令和控制政策相比，该政策大大降低了减排成本（Benkovic and Kruger，2001）。

环境政策工具在处理不确定性时的作用各不相同。例如，环境税规定了排放单位污染物需要缴纳的税率，让排放源可以自由选择是交税还是减排，但这些选择的不确定性使排放总量也不确定。相比之下，具有固定总排放配额的可交易许可更明确了排放源的总排放水平，但价格水平会不确定。其他工具都对不确定性有各种影响（Goulder and Parry，2008）。采用新的环境政策工具应考虑其与现有政策的相互作用，以便协同增效或减少政策冲突。如果将新的排放权交易政策强加到已经由命令和控制政策主导的领域，可能无法实现其预期的成本效益（Zhang et al.，2013）。中国的二氧化硫排放交易政策试点遇到了重大难题，包括频繁的政府干预、政策间冲突及政策设计的质量等（Zhang et al.，2016）。

与发达国家相比，发展中国家在选择和制定最优政策方面面临更大的困难。对中国而言，特别是过去的相关研究较薄弱，不足以确定个别政策工具在其复杂背景下的效果。由于缺乏足够的财政资源、人员和必要的专业知识，环境政策的实施也可能存在重大障碍（Blackman，2010）。有关中国政策实施问题的更多细节将在第六章中讨论。个别政策的有效性可能非常不确定，实施效果不可预测，这使得政策设计具有极大挑战性。

第二节　以目标为中心的政策供给

中国的政策供给遵循与基于规则的治理截然不同的模式。目标在环境治理中起着核心作用，而作为实现目标手段的政策主要是工具性的。集中制定的关键性目标，如国家五年计划/规划中包括的少数几个目标，推动了各级政府分散制定相关政策、法律和法规。对于那些没有目标或有目标但优先级较低的环境领域，政策供给往往不太充足和有力。

一、以目标为中心的政策供给的实现条件

中国以目标为中心的治理是通过集中的国家目标、分散的目标实现、分散的政策制定和实施，以及有效动员起来的中央和地方政府来进行的。过去四十年间，中国的环境治理已经逐渐从中央向地方分散，如第三章所述。中央、省级、地市和区县四级政府在政府权力和职能上有不同的分工。与人员构成和财政支出相匹配的是，中央政府主要关注政策制定，而区县级政府几乎完全专注于政策执行。省级和地市级政府在这两方面都有重要的权力和职能。地方政府在发起地方政策创新、学习和采纳其他地区政策、实施各项政策方面拥有重要的权力和资源。没有地方政府的合作和动员，中央政府很难实现根本的二氧化硫减排或任何环境改善。

然而，许多权力仍然是集中的，特别是国家环境保护目标的制定。正如第二章所讨论的，支持或反对强有力环境保护的各种考虑因素被最高层集中权衡，反映在五年计划/规划目标中。当最高领导层决定将环境保护作为优先政府事务时，污染减排目标开始被写入国家五年计划/规划的关键目标。然后，如第四章所述，这些国家目标将分解为省级目标以便实施。目标分解继续延伸到地市和区县两级，每一步一个层级。目标的类型和严格程度随着环境保护集中政治意愿的强弱而变化。此外，中央政府各部委及其内部部门也在这些目标的指导下制定政策，并监督省级和其他地方政府实现目标。如果没有实现五年计划/规划中的关键环境目标，国家环境保护总局/环境保护部/生态环境部作为主要责任承担者也将承担责任。

在以目标为中心的治理下，定义环境治理里程碑的是连续性的环境目标，而不是个别环境政策。中央最高领导层更关心的是某个目标是否已经实现，而不是某个政策是否有效、高效或得到充分执行。此外，中国尚待建立健全的法制，也是实现以目标为中心的政策供给的重要促进因素。受政绩考核限制，如果一项政策不起作用，地方政府将迅速制定新的政策，为实现目标做出更多努力。

二、实施效果选择与政策演变

在以目标为中心的治理下，政策供给有两个关键因素：一个是影响政策需求的环境目标；另一个是政策制定的较低障碍和对政策积极供给的强有力激励。更高标准的环境目标将需要更多的污染减排行动，从而产生更多和更严格的政策。以目标为中心的治理也大大降低了制定政策的障碍，导致密集的政策制定、政策之间的激烈竞争和更快的政策周期。尽管有些政策比其他政策更重要，有了大量的政策，每一项政策都对预期目标仅有渐进式贡献。任何政策的失败/成功并不决定最终的环境目标结果，而只是对其施加有限的影响。除了法律之外，中国还有大量各种各样的环境保护政策，这些政策是由各级政府的不同部门制定的。

政策制定障碍比较低的主要原因有如下几个。从政策制定者的角度来看，高度分散的政策制定权有效地减少了障碍，因为各级部门和地方政府都可以比较独立地在自己的管辖范围内制定政策。这种以目标为中心的政策供给鼓励了政策创新。地方政府在决定如何实现自上而下分解的目标方面具有很大的灵活性。各级决策者可以从自身视角权衡各种政策的重要性、成本和收益，以及在地区差异巨大的背景下是否适应当地情况。为实现目标的有效性，各级决策者不断制定政策。有效动员地方政府不仅有助于政策执行，而且还可以激励地方政府更积极地制定环境政策。

以目标为中心的治理对政策设计的要求要低得多，这也可以有效减少政策制定障碍，但是在制定个别政策时有几个关键难题需要考虑。

第一，如何保证个别政策的质量。这可以直接借鉴其他国家和地区的政策，根据当地情况进行修订，或者创新。中国的庞大规模和复杂性表明，许多环境政策很难在整个国家的所有情况下都适用。诸多环境政策工具是在发达国家首次出台和实施的，而中国的国情大不相同。决策的权力下放还表明，政策文本编写者的培训和知识水平可能因地方政府和部委/部门而异。政策执行权力的下放程度更高，但是执行不力的情况时有发生。为了达到好的效果，政策设计需要建立在对执行体系和困难有较深理解的基础上，这就增加了政策设计和研究的难度。因此，外来政策常常"水土不服"，而外来政策本地化和本地政策创新对相关知识和理解提出了巨大挑战。此外，中国的复杂性也减慢了对政策有效性关键原因进行及时评估。在以目标为中心的治理下，由于没有单一政策或法律可以决定对特定环境问题的解决，因此对个别政策的质量要求大大降低，使设计和制定过程更加迅速。换言之，中国环境政策的读者不应该过分要求个别政策的制定和有效性，因为它们远不如目标重要。例如，基本上没有二氧化硫排放交易试点政策产生了对二氧化硫减排有主要贡献的理想结果，但其失败对中国控制二氧化硫排放的轨迹走向影响不大（Zhang et al.，2016）。

第二，如何在众多备选方案中选择最有效和最高效的政策工具。特别是当单一或少数政策主导环境问题的解决方案时，政策工具的选择是政策制定的一个关键问题。在以目标为中心的治理下，这个问题的重要性降低。因为解决环境问题不依赖单一政策，各种政策工具都可以出台并在实践中得到检验，所以中国的政策制定很多时候不必做出这样"多选一"的选择。高度分散的政策制定主体和权力也大大减少了政策垄断或寡头的可能性。颁布一项政策文书并不妨碍其他政策工具也被采纳。因此，中国不需要选择解决某个环境问题的主导政策工具。例如，中国的《环境保护税法》已于 2018 年 1 月正式生效，涵盖多种环境污染物，包括二氧化硫（National People's Congress，2016）。而许多其他重要的环境政策也同时生效，例如前文分析过的火电厂大气污染物排放标准（MEP and AQSIQ，2011）。

第三，多项同时生效的政策之间如何协调。虽然政策是由不同的中央部委（包括其内部不同部门）以及各级政府单独制定的，但它们可以相互产生重大影响，从而造成协同作用和/或冲突。在理想情况下，应尽可能地协调政策，以最大限度地发挥政策间的协同作用并尽量减少冲突。然而，在中国政策制定和实施权力下放的背景下，现有的协调机制并不完善。经济和能源政策远远超出了环境保护部门的权力范围。由地方政府而非环保部门为环境质量或目标负责，使不同类型的政策之间的协调变得更加可行。政策即使在制定并付诸实施后，也会迅速演化。在中国法制尚不完善的背景下，如上所述，个别政策的执行可能出现不尽如人意的情况。与达尔文（Charles Darwin）用自然选择来理解生物进化类似（Darwin，1859），中国的政策也经历了一个动态的进化过程，一项政策是否适应中国的现实是通过实践来进行判断的。与其他政策发生过多冲突的政策将难以有效实施，从而很可能被搁置或者淘汰。如果一项政策未能达到预期的结果，则可以迅速引入新政策。一个地方的成功政策可以迅速被其他地方政府采用或提升到国家一级。

尽管过去十多年国家在政策研究方面取得了很大进展，但在二氧化硫减排的早期阶段，尚任重而道远。国家仍需加强政策制定能力，提高个别政策设计的质量，更谨慎地选择环境政策工具，特别是那些相对重要和影响范围较大的政策工具，并更好地协调政策。然而，以目标为中心的政策供应大大降低了政策制定的要求，从而在中国国情下更好地改善环境质量，如大幅减排二氧化硫。从影响政策结果的角度来看，上述在发达国家政策制定中需要特别考虑的关键问题在中国的重要性要小得多。

第三节 实现二氧化硫减排目标的政策范围

二氧化硫减排政策制定涵盖的范围广泛。二氧化硫排放受到许多经济、能源和环境因素以及相应政策的影响。尽管发电行业在煤炭消费中的重要性日益增加，但仍有近五分之二的煤炭用于其他行业（图 1.9）。为了实现日益严格的二氧化硫减排和环境目标，分散的政策制定者需要评估个别政策对政策供给的贡献，并制定相应的政策。

一、二氧化硫排放的关键影响因素

二氧化硫排放量可以用以下公式分解为各种关键因子：

$$SO_2\,emissions = GDP \times \frac{Energy}{GDP} \times \frac{Coal}{Energy} \times \frac{SO_2\,emissions}{Coal}$$

$$= GDP \times EI \times \frac{Coal}{Energy} \times \eta_s \times (1-\eta_{sr}) \times 2 \times (1-\eta_s) \quad (5.1)$$

式中，"GDP"显示规模效应。中国经济的快速增长导致更多的二氧化硫排放。能源消费是任何现代经济的基础，因此能源强度$\left(\dfrac{Energy}{GDP}\right)$是另一个关键因子。它衡量了生产给定单位 GDP 所消耗的能源。节能和能源效率的提升将降低能源强度，从而有利于二氧化硫减排。经济结构也很重要：与工业部门相比，若服务行业在总体经济中占有更高比例可能会降低整体能源强度，因为它们产生相同数量的经济产出所需能耗更少（Feng et al., 2009）。国家在"十一五"规划中制定了能源强度降低 20% 的目标（National People's Congress, 2006）。中央政府还在"十二五"规划中提出要"改变经济增长模式"，重点是节能和环保（National People's Congress, 2011）。这两种效应与经济发展和节能有关，经济和能源政策分别对它们施加影响。

由于煤炭消费在二氧化硫排放中占绝对主导地位，因此煤炭在能源结构中的占比对于决定能源的二氧化硫排放强度至关重要。$\dfrac{Coal}{Energy}$ 显示能源转型效应。它的减少是二氧化硫减排的另一项措施，而相关政策在很大程度上属于能源发展政策的范畴。

$\dfrac{SO_2\ emissions}{Coal}$ 指减排效应，主要由环境政策决定。在燃烧中，一定比例的硫（η_{sr}）会保留在灰烬中而不会转化为二氧化硫排放。这一比例主要由煤种和燃烧技术决定，与政策干预无关。煤中的含硫量（η_s）是煤质的重要指标。含硫量的控制通常是环境法规优先考虑的手段。脱硫设施和其他二氧化硫去除措施可以避免一定比例的二氧化硫（η_R）经燃烧产生后排放。

在过去四十年里，中国经济以惊人的速度增长。2018 年实际 GDP 是 1980 年的 31.7 倍，平均年增长率为 9.5%，而实际人均 GDP 则上升了 21.4 倍或年均增长 8.5%（图 5.1）。按现值美元的名义 GDP 衡量，中国在 2010 年超过日本成为世界第二大经济体，并在 2018 年进一步上升到相当于美国的 65.0%（图 5.1）。然而，由于中国人口基数庞大，人均 GDP 仍落后于全球平均水平。尽管 21 世纪 10 年代的 GDP 增长率明显低于 00 年代，但中国平均生活水平向发达国家的趋同预计将进一步提升经济规模，从而加大环境压力。

能源消费是经济发展的关键基础之一，但它也带来了环境污染的不良后果。化石燃料，尤其是煤炭的燃烧产生的环境颗粒物，是造成空气污染的主要原因。尽管中国一直在提高能源效率（降低能源强度），但随着经济的快速增长，特别是在过去十多年中一次能源消费仍然攀升迅速。每消费一吨石油当量（1 toe），中国在 2018 年的名义 GDP 产出为 4084 美元，而日本和美

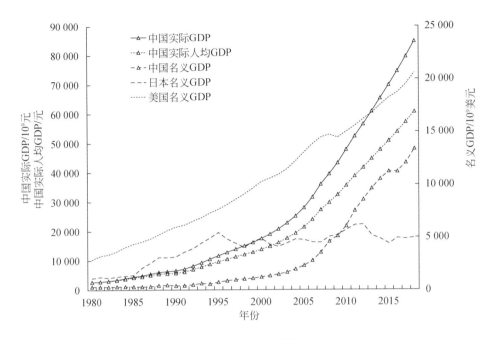

图 5.1　中国、日本和美国的经济增长（IMF，2019）

2015 年人民币

国分别为 10 948 美元和 8945 美元（IMF，2019；BP，2019）。由于能源效率相对较低，中国在 2009 年超过美国成为世界上最大的能源消费国，但当时的经济规模却比美国小三分之二。中国的能源消费趋势在 2003 年左右发生了重大转变，增长加速（图 5.2）。2003 年后，中国不仅经济增长加速，而且能源效率也扭转了之前的改善趋势，并在 2002–2005 年恶化（图 5.2）。2018 年中国的一次能源消费比 2000 年增加了 224%，比美国高出 42%（图 5.2）。

中国较低的人均 GDP 水平或许可以部分解释其能源结构主要集中在煤炭上的原因。如图 5.3 所示，煤炭是三大化石燃料中最便宜的。在 21 世纪 00 年代经济规模和能源消费迅速增长时，煤炭成为满足额外能源需求的主要选择（图 5.4）。煤炭在能源结构中的占比甚至扭转了早先的下降趋势，在 21 世纪 00 年代初变得更高（图 5.5）。

在过去十多年中，能源转型发挥了越来越明显的作用，使得二氧化硫排放减少。中国的能源结构严重向煤炭倾斜，随着越来越多的煤炭燃烧，中国的环境压力也越来越大。在整个 20 世纪 80 年代和 90 年代，煤炭的占比一直

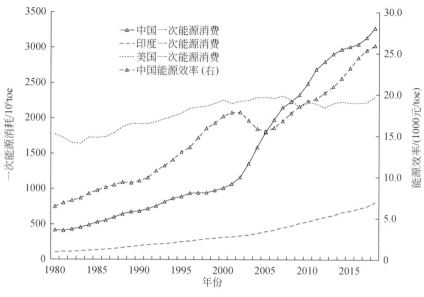

图 5.2 一次能源消费和能源效率（BP，2019）

2015 年人民币

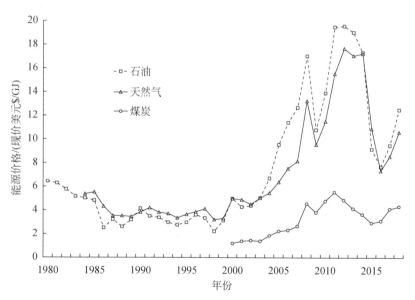

图 5.3 煤炭（秦皇岛现货价）、石油和天然气

（日本液化天然气到岸价）价格（BP，2019）

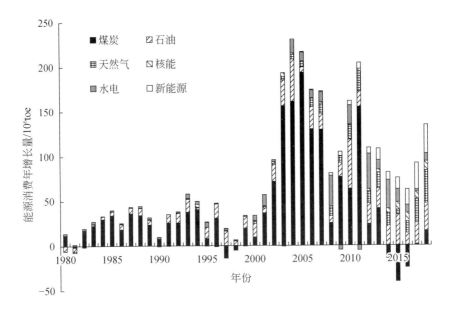

图 5.4　中国各类燃料一次能源消费年增长量（BP，2019）

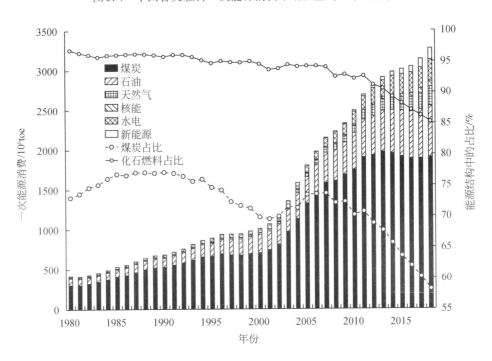

图 5.5　中国各类燃料一次能源消费量及煤炭和化石燃料占比（BP，2019）

超过 70%（图 5.5）。90 年代缓慢下降的趋势在 21 世纪初被反转，该比例再次从 2001 年的 69.5% 攀升至 2007 年的 73.7%，进一步加剧了中国的环境污染。在接下来的十年中，煤炭的占比出现了前所未有的下降，在 2018 年下降到 58.2%。尽管改善显著，2018 年中国煤炭消费量仍占全球的 50.5%（BP，2019）。虽然石油和天然气在全国一次能源消费中的占比越来越大，但化石燃料的总体占比从 2007 年的 94.1% 加速下降到 2018 年的 85.3%。非化石燃料在能源结构中的占比增加，从 2007 年的 5.9% 增加到 2018 年的 14.7%（图 5.5）。核能、水电和非水电可再生能源的比例分别从 2007 年的 0.7%、5.1% 和 0.2% 上升到 2018 年的 2.0%、8.3% 和 4.4%。非水电可再生能源是增长最快的能源类型。

作为能源现代化的一个指标，中国的一次能源消费正在迅速电气化，从而改变了二氧化硫排放的主要来源部门。1990 年，中国只有 20.8% 的一次能源消费在最终消费前经过电力的中间阶段，仅略高于非洲的 17.8%（图 5.6）。随着能源现代化的快速发展，这一比例在 2015 年上升到 42.5%，

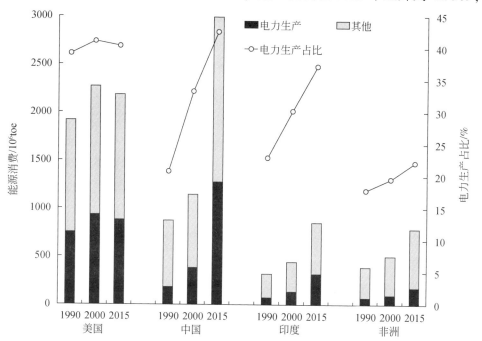

图 5.6 一次能源消费及电气化率（IEA，2017）

超过美国的 40.3%（图 5.4）。印度等其他快速工业化国家也实现了快速电气化，但非洲的进展要慢得多（图 5.4）。随着中国在能源电气化方面的不断努力，例如推广电动汽车（IEA，2019），预计电气化率将进一步上升，这将更加凸显电力部门在中国能源消费和环境保护中的重要性。

发电行业的能源转型更加明显。燃煤发电的占比已从 2007 年的 81.0% 峰值大幅下降至 2018 年的 66.5%。其他化石燃料，包括石油和天然气，在 2018 年仅占 3.3%（图 5.7）。相比之下，非水电可再生能源（主要是风能和太阳能）的比例从 2007 年的 0.5% 增长到 2018 年的 8.9%（图 5.7）。煤炭在发电中的比例明显高于一次能源消费，2018 年分别为 66.5% 和 58.2%（图 5.8）；从 2007 年到 2018 年，它们的占比分别下降了 14.4% 和 15.4%。非化石燃料，如核能、水电和非水电可再生能源，通常用于发电，而石油和天然气在中国并非主要用于电力部门。特别是在过去十多年中，可再生能源的发展显著加快，在发电的增量中所占的比例越来越大（图 5.8）。

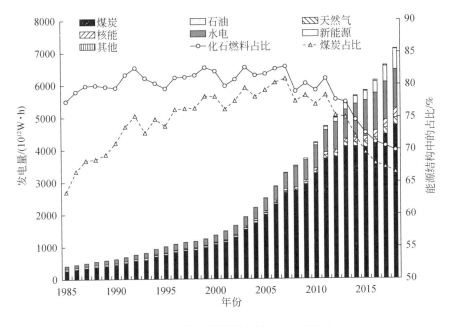

图 5.7　中国各类燃料发电量（BP，2019）

电力部门在煤炭消费中的重要性与日俱增。1980 年，中国只有 20.2% 的煤炭消费用于电力部门，而这一比例在 2002 年稳步攀升至 52.2%，并在其后

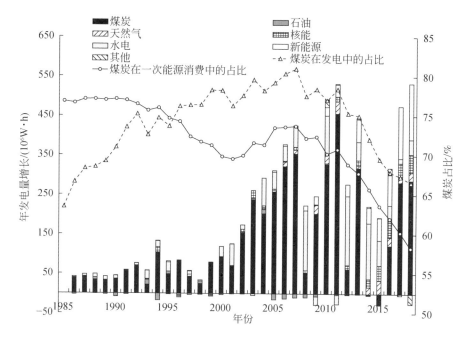

图 5.8 中国各类燃料年发电增量以及煤炭的比例（BP, 2019）

的十年间保持大致稳定（图 1.9）；然后又出现新的增长趋势，从 2014 年的 50.3% 达到 2017 年的 57.3%（图 1.9）。该比例预计将进一步增加。美国 1950 年电力部门占煤炭消费量的 18.6%，2017 年占 92.8%（图 1.9）。这一趋势表明，非电力部门的能源结构从煤炭消费转向的速度快于电力部门，尽管它们可能消耗更多来自燃煤发电厂的电力。

　　在中国二氧化硫减排的轨迹中，这些经济、能源和环境因素在不同的五年计划/规划中有着不同的影响（图 5.9）。二氧化硫排放量在"九五"计划（1996–2000 年）中下降了 15.8%。在 1997 年亚洲金融危机的影响下，GDP 的规模效应仍带来了 38.0% 的增长，而能源强度效应、能源转型效应和减排效应使二氧化硫排放量在五年内分别减少了 26.4%、6.1% 和 21.3%（图 5.9）。这反映了经济、能源和环境政策及发展的不同影响。具体而言，正如减排效应所表明的那样，环境政策做出了重要但肯定不是决定性的贡献。"十五"期间的情况与"九五"完全不同。随着经济增速的加快，规模效应带动排放量增加了 53.0%，而能源强度效应和能源转型效应也分别推动排放量上升了 12.6% 和 5.7%。虽然 43.5% 的减排效应远大于"九五"期间，但总体结果是二氧化硫排放量增加了 27.8%。换言之，二氧化硫排放量增加并非源于环境政策效果不佳，而是由于经济扩张加快、能源强度和能源转型趋势逆转。

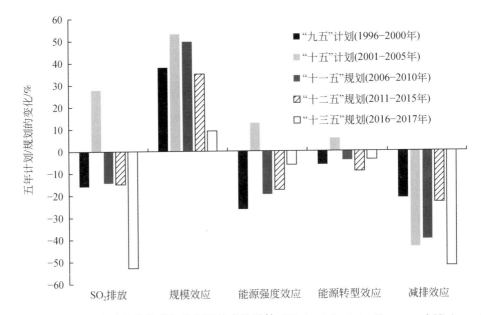

图 5.9 中国二氧化硫排放量分解及主要效应的贡献（National Statistics Bureau and Ministry of Ecology and Environment，2019；IMF，2019；BP，2019）

分解方法来自 Ang，2005

"十一五"规划成功扭转了增加趋势，二氧化硫排放量减少了 14.3%。接下来的"十二五"规划也完成了 14.9% 的降幅。这四种效应在这两个五年规划中也有可比的贡献：规模效应 49.6%/35.0%，能源强度效应 -19.6%/-17.6%，能源转型效应 -4.2%/-9.1%，减排效应 -40.0%/-23.2%（图 5.9）。在有数据可查的"十三五"规划的前两年（2016-2017 年），二氧化硫排放量下降了 52.9%，减排效应做出了决定性的贡献，使得二氧化硫排放量降低 52.0%（图 5.9）。

二、电力部门二氧化硫排放的技术因素

能源消费电气化和电力部门在煤炭消费中所占比例的增加凸显了燃煤电

厂在控制二氧化硫排放方面的重要性。基于对煤炭燃烧和发电中二氧化硫排放机制的理解，二氧化硫排放强度 $\left(\dfrac{SO_2\ emissions}{Coal}\right)$ 可以转换为烟气二氧化硫浓度（毫克/立方米；mg/Nm^3）（Ministry of Environmental Protection and General Administration of Quality Supervision Inspection and Quarantine，2011；SEPA and AQSIQ，2001）。二氧化硫浓度在标准状态下（标示为"N"）测量，过量空气系数为1.4。这里的值1.4表示吹入锅炉的空气或氧气将比完全燃烧所需的多40%。燃料在锅炉中的时间很短，需要过量的空气才能更完全地燃烧。但过量的空气也会带走热量并降低热效率。因此，过量空气系数存在最佳值，不一定每个发电厂都是1.4。固定值用于政策目的，旨在防止作假，因为降低烟气二氧化硫浓度的便捷选择是用更多的空气来稀释烟气。过量空气系数（α）可以通过 $\alpha \approx \dfrac{21\%}{21\%-x\%}$ 计算，$x\%$ 指的是烟气中氧气（O_2）的百分比。当 $\alpha=1.4$，$x\% \approx 6\%$。

如式（5.1）所示，有三个关键技术因素决定了二氧化硫排放强度和烟气二氧化硫浓度。第一个因素是灰分中硫的比例（η_{sr}）。当煤在锅炉中燃烧时，硫转化为多种形式，即气态（SO_2，SO_3，气态硫酸盐）和固体（在底灰和颗粒硫酸盐中）（EPA，1998）。二氧化硫在气态形式中占比最高（EPA，1998）。较高的燃烧温度导致灰分中硫的含量较低，这就使得煤粉（PC）燃烧相对于流化床燃烧（FBC）有更低的 η_{sr}（Sheng et al.，2000）。第二个因素是煤中的钙/硫（Ca/S）化学计量比，较高的 Ca/S 有助于硫保留在灰分中（Cheng et al.，2004；EPA，1998）（这里的 Ca/S 与下文讨论的湿法脱硫设施中的 Ca/S 不同）。硫酸钙（$CaSO_4$）是硫保留在灰分中的主要产物，但由于它的热不稳定性，煤粉燃烧中钙的影响远不如在流化床燃烧中重要（Sheng et al.，2000）。计算二氧化硫排放清单中采用的硫的保留比例见表5.1。与官方假设的20%相比（State Council，2007a），除了燃烧褐煤和应用流化床技术的情况外，普遍认为硫的保留率要低得多。另一份官方文件也认为该比率为10%-15%，并建议在设计脱硫设施时这一比例应计为10%（NDRC，2004）。二氧化硫排放量被低估的部分原因可能是在这个参数的选择上（图1.7）。

表 5.1　灰分中硫的保留比例　　　　　　　　（单位:%）

煤的类型	灰分中硫的保留比例	数据来源	
烟煤，煤粉发电	5	美国环境保护署的选择	EPA，1998
次烟煤，煤粉发电	12.5		
褐煤，煤粉发电	25		
煤	≤10	美国的研究	Singer，1981
非褐煤	5	来自美国环境保护署的假设	Smith et al.，2001
褐煤	30	研究中的假设	
煤	5~30	研究中的假设	Ohara et al.，2007
煤	5~10	中国的研究	Zhao et al.，2008
煤，煤粉发电	10~15	中国官方推荐的脱硫设施设计参数	NDRC，2004
煤	20	编制中国统计数据时的假设	State Council，2007a

　　第三个因素，煤中较低的含硫量对于降低二氧化硫的产生强度至关重要。一个官方数据集被用来分析脱硫设施所对应的燃煤含硫量情况。在"十一五"酸雨和二氧化硫污染控制规划中，中国公布了 248 座燃煤电厂的数据，总容量为 164GW，涵盖了 2006~2010 年将完成的所有二氧化硫减排改造项目（SEPA and NDRC，2008）。根据该数据集估计的含硫量分布可以代表所有装备脱硫设施的燃煤电厂。每个电厂都披露了机组发电容量（MW）、年份、二氧化硫年去除能力（t/a）、位置和名称等信息。含硫量假设条件为：热效率为每 1kW·h 370g 标准煤或每 1t 煤 1930kW·h（2005 年的平均效率）（China Electricity Council，2006~2015）；容量系数为每年 5500h（SEPA，2006a）；按照官方统计采用的系数，燃烧中硫的转化率为 80%，其余 20% 保留在灰分中（State Council，2007a）；脱硫设施中二氧化硫的总体去除率为 85%（SEPA，2007）。计算公式可以写为

$$\text{Sulfur content} = \frac{\text{SO}_2 \text{ removal capability}}{\dfrac{\text{Coal power capacity} \times 5500}{1930} \times 2 \times 80\% \times 85\%} \tag{5.2}$$

　　分母中的"2"是指当硫转化为二氧化硫时质量加倍，因为二氧化硫的分子量是硫的两倍。需要注意的是，这些数字在这里是被用来反向计算燃煤

中的含硫量，因为它们代表了国家在编制排放清单数据时的原始假设。但假设的80%转化率的准确性令人担忧。实际如上所述，在无烟煤、烟煤和次烟煤的燃烧中，90%或更多的硫将转化为二氧化硫。此外，正如第六章将讨论的，特别是在2007年之前，实际二氧化硫去除率应大大低于85%。实际热效率和容量系数也因年份而异。

含硫量与二氧化硫减排的成本密切相关。一般来说，较高的含硫量对应于去除学位质量的二氧化硫的成本较低，但分摊到每千瓦时电力的脱硫成本较高。含硫量的分布如图5.10所示，全国平均水平约为1.0%。68%的燃煤电厂燃烧含硫量低于1%的煤，另有26%在1%至2%之间。总发电装机容量的其余6%燃烧含硫量高于2%的煤。安装了脱硫设施的燃煤电厂并不仅仅都是燃烧高硫煤，也有的在燃烧低硫煤。煤炭的含硫量分布有一个单一的峰值，约为0.75%（图5.10），这反映了中国大部分煤炭都在一个地区开采。例如，2007年中国煤炭产量的三分之二来自相邻的七个省份，包括山西、内蒙古、陕西、山东、安徽、河北和河南（National Bureau of Statistics，1997-2008）。

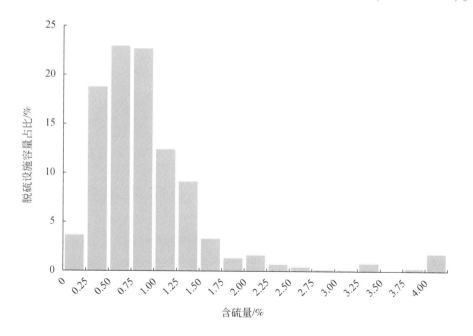

图5.10　中国进行脱硫设施加装改造的燃煤电厂含硫量分布

（SEPA and NDRC，2008）

以上两个因素决定了单位质量的煤燃烧所产生的二氧化硫。二氧化硫去除率是降低二氧化硫排放强度的第三个因素。在施工开始之前，应向政府环境保护部门提交环境影响评估报告（NPC，2002）。如果该建设项目被认定会带来不可接受的环境破坏，例如，严重影响环境空气质量，其环境影响评估报告将被否决。另一项政策是"三同时"，要求污染控制设施的设计、建设和竣工与主体工程同时进行（State Council，1998）。例如，如果环境影响评估报告中认为脱硫设施是必要的，则排放源必须按照规定安装相关设施。

三、电力部门去除二氧化硫的技术措施

为了去除燃煤发电中产生的二氧化硫以及更高的环保要求，燃煤电厂的大气污染物排放标准每隔六七年会修订一次。根据 1996 年颁布的标准，1997 年 1 月以后通过环境影响评价的新燃煤电厂烟气二氧化硫浓度应低于 2100mg/Nm^3（若燃煤含硫量≤1%）或 1200mg/Nm^3（若燃煤含硫量>1%）（SEPA and AQSIQ，1996）。如果燃烧含 0.5% 硫的烟煤，没有脱硫的烟气中二氧化硫浓度一般会超过 1000mg/Nm^3。从本质上讲，1996 年的排放标准意味着如果燃煤含硫量>1%，燃煤电厂应安装脱硫设施，而含硫量≤1% 的燃煤电厂则不需要。2003 年制定的标准规定，绝大多数燃煤电厂的烟气二氧化硫浓度最迟应于 2010 年 1 月 1 日降低到 400mg/Nm^3 以下（State Environmental Protection Administration（SEPA）and General Administration of Quality Supervision Inspection and Quarantine，2003）。因此，除了关停老旧和小型发电机组外，按照排放标准要求，2010 年绝大部分燃煤电机组需要安装并正常运行脱硫设施。

《火电厂大气污染物排放标准》于 2011 年更新，自 2012 年 1 月 1 日起生效（Ministry of Environmental Protection and General Administration of Quality Supervision Inspection and Quarantine，2011）。新发电机组应将烟气二氧化硫浓度减少到 100mg/Nm^3 或以下，而现有机组的标准为 200mg/Nm^3。在西南省份，包括广西、重庆、四川和贵州，当地煤炭的含硫量要高得多，新老电厂标准可以分别放宽至 200mg/Nm^3 和 400mg/Nm^3。天然气发电厂往往更清洁，排放标准为 35mg/Nm^3。

2014 年国家发展和改革委员会、环境保护部、国家能源局联合制定了《煤电节能减排升级与改造行动计划》（National Development and Reform Commission et al.，2014）。该计划要求在东部省份新建的燃煤电厂达到天然气发电厂的标准，即二氧化硫排放浓度限额为 35mg/Nm³。中部省份应接近这一标准，同时鼓励其他省份达到该水平。这个更严格的标准被称为"超低排放"。2015 年，另一项政策更进一步要求除个别外大多数新建和现有的燃煤电厂达到超低标准（Ministry of Environmental Protection et al.，2015）。

《标准化法》及其实施条例给上述标准提供了法律保障（NPC，1988；State Council，1990）。环境保护的污染物排放标准和环境质量标准被明确规定为"强制性标准"，而非"推荐性标准"，未达到强制性标准的产品将被禁止生产、销售和进口（State Council，1990；NPC，1988）。从这个意义上说，如果烟气二氧化硫排放浓度超过相应标准，燃煤电厂应停止发电，电网也不应接受相关电力。

为了达到严格的超低排放标准要求，燃煤电厂一般应达到非常高的二氧化硫去除率：如果燃烧霍林河褐煤或大同烟煤需要达到 98.5%，神府烟煤则对应为 96.9%（表 5.2）。发电的二氧化硫排放强度也应大幅降低到 0.10–0.11g/（kW·h）。这三种煤中的含硫量为 0.50% 到 0.99% 不等，在正常范围内。西南省份较普遍的高硫煤所需的二氧化硫去除率要高，一般在 99% 以上。燃煤电厂只能通过脱硫设施来实现深度减排。

在 21 世纪 00 年代初中国开始大规模建设脱硫设施之前，全球总共安装了约 200GW（两亿千瓦）（Taylor et al.，2005）。美国在 1975–2000 年的 25 年间积累了约 100GW，德国和日本合计占了世界市场的 30%，其余 20% 在其他国家（Taylor et al.，2005）。图 5.11 所示的中国脱硫设施容量数据是根据公开的电厂/机组级数据集计算得出的（Ministry of Environmental Protection，2014）。该数据集包括有关燃煤电厂的名称和位置、发电机组序列号和功率容量、机组和脱硫设施投运日期、脱硫设施技术类型以及负责的脱硫设施公司。原国家环境保护总局（2008 年 3 月后组建环境保护部）建立了脱硫设施验收的标准程序，比如，脱硫设施在验收通过前要连续运行 168h 以测试其性能（SEPA，2005，2006b）。

2000 年底，中国脱硫设施容量仅为 5.6GW，仅占燃煤发电容量的 2.5%，

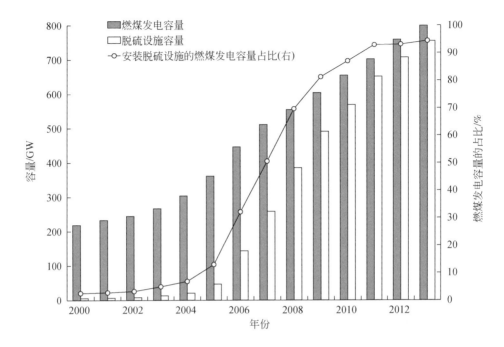

图 5.11　中国燃煤发电和脱硫设施容量（Ministry of Environmental Protection，2014；EIA，2019；China Electricity Council，2010；China Electricity Council，2006–2015）

在世界市场的份额几乎可以忽略不计（图 5.11）。在"十五"计划（2001-2005 年）期间迅猛发展，脱硫设施容量在 2005 年上升到 46.7GW，燃煤发电容量的占比提高到 12.5%。然而，由于燃煤发电总容量从 2000 年的 218.9GW 增加到 2005 年的 360.6GW，使得中国没有安装脱硫设施的燃煤电厂实际在增加，推动了电力行业二氧化硫排放量的稳步增长。在"十一五"规划（2006–2010 年）期间，燃煤发电装机容量增长速度加快，2010 年达到 654.3GW，而脱硫设施容量提升更快，在 2010 年达到了 569.3GW。因此，只有 85.0GW 的燃煤电厂（13.0%）没有安装脱硫设施，这一比例已经大大低于 2000 年。在随后的几年中，该比例进一步上升至 2013 年的 94.4%。几乎所有燃煤电厂都需要有脱硫设施才能继续运行发电。

　　"十一五"期间除了关停许多高耗能高污染的小机组，更推动了大规模的现有燃煤电厂改造（图 5.12）（Xu et al.，2013）。因此，"十一五"期间新增脱硫设施与新增燃煤电厂容量的比值每年均高于 100%。在 2008 年的改造高峰期，脱硫设施容量增长了127.4GW，而燃煤发电容量仅增加了43.1GW。"十二五"规划后，绝大多数脱硫设施要么与新建燃煤电厂一起建造，要么进一步改造以满足更严格的污染物排放标准。

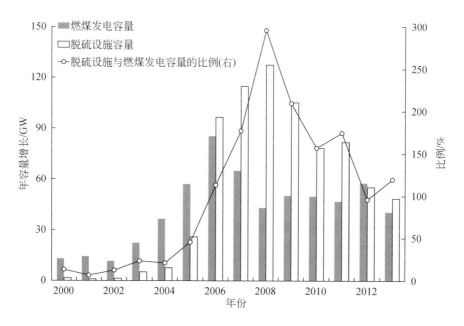

图 5.12 中国燃煤发电容量和脱硫设施容量的增长（Ministry of Environmental Protection，2014；EIA，2019；China Electricity Council，2006–2015；China Electricity Council，2010）

中国的大多数脱硫设施可以分为三个单机容量级别，即300MW、600MW和1000MW（图5.13），对应燃煤机组拥有的几个主要的标准化机组容量。在2013年754.9GW的脱硫设施中，62.1GW、215.1GW和263.9GW分别分布在1000–1050MW、600–650MW和300–350MW范围内。在国家更多地转向更高效、单机容量更大的机组之后，另外两种容量较小的机组的重要性已经减弱，2013年，42.3GW和32.7GW分别在200–220MW和135–150MW范围内。这五种标准化机组总共有618.6GW，占所有脱硫设施容量的81.9%。这些单机容量和技术标准化为设计及快速建设安装脱硫设施提供了关键优势。

脱硫设施的地理分布反映了燃煤电厂的地理位置。2013年，华东、华北和华南各省份的脱硫设施容量分别为249.2GW、213.0GW和104.1GW（占全国的33.0%、28.2%和13.8%）（图5.14）；东北、西南和西北地区总计

188.5GW，占 25.0% 。其广泛的地理区域分布表明，这些燃煤电厂分散在距离较远的地方，可能会增加污染物排放监测和执法的难度。

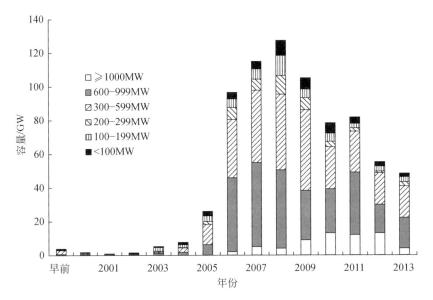

图 5.13　脱硫设施容量和单机容量（Ministry of Environmental Protection，2014）

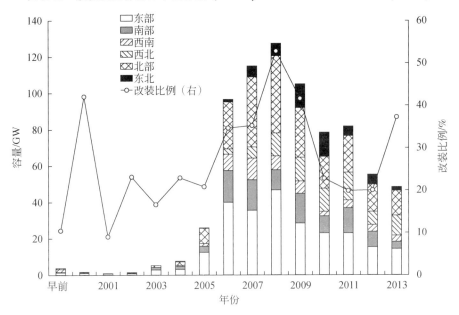

图 5.14　按地区划分的脱硫设施容量的年增长（Ministry of Environmental Protection，2014）
按生态环境部六个区域督察局来分类；当脱硫设施和煤电机组的投运日期相差超过
一年或以上时，脱硫设施的建设称为"改造"

不同的脱硫设施技术对应于不同的二氧化硫去除率。2013 年，中国有 1589 台 200MW 及以上的脱硫设施。特别是在大型燃煤机组中，石灰石–石膏湿法是应用最多的技术，占大于等于 1000MW 机组的 93.6%，占 600–999MW 机组的 96.1%，占 300–599MW 机组的 87.6%，以及 200–299MW 机组的 81.0%（图 5.15）。对于小于 200MW 的机组，石灰石–石膏湿法的占比大幅下降，仅为 30.0%（图 5.15）。同样出于对规模经济的考虑，海水法也严重向大型机组倾斜（图 5.15）。2013 年，仅有 94.5GW 的脱硫设施单机容量小于 200MW（占所有脱硫设施的 12.5%），但数量仅有 2878 台（占总数的 64.4%）（图 5.15）。

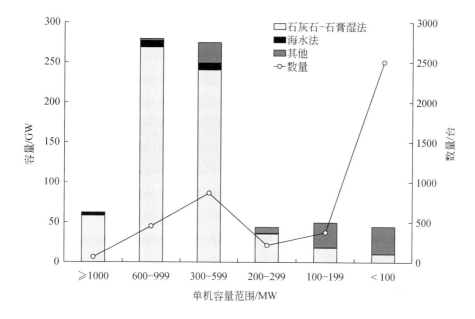

图 5.15　按单机容量划分的脱硫技术的应用（Ministry of Environmental Protection，2014）

参 考 文 献

Ang，B. W. 2005. The LMDI approach to decomposition analysis：A practical guide. *Energy Policy*，33，867-871.

Barron，W. F. & Ng，G. T. L. 1996. An assessment methodology for environmental policy instruments：An illustrative application to solid wastes in Hong Kong. *Journal of Environmental Management*，48，283-298.

Benkovic，S. R. & Kruger，J. 2001. US sulfur dioxide emissions trading program：Results and further applications. *Water Air and Soil Pollution*，130，241-246.

Blackman，A. 2010. Alternative pollution control policies in developing countries. *Review of Environmental Economics and Policy*，1-20.

BP. 2019. *Statistical review of world energy*［Online］. Available：www. bp. com/en/global/corporate/ energy-economics/statisticalreview-of-world-energy. html.

Cheng，J.，Zhou，J. H.，Liu，J. Z.，Cao，X. Y.，Zhou，Z. J.，Huang，Z. Y.，Zhao，X. & Cen，K. 2004. Physicochemical properties of Chinese pulverized coal ash in relation to sulfur retention. *Powder Technology*，146，169-175.

China Electricity Council. 2006- 2015. *Annual report of national power generation*. Beijing，China：China Electricity Council.

China Electricity Council. 2010. *The basic information of electricity generation units and electric grids*. Beijing，China：China Electricity Council.

Darwin，C. 1859. *On the origin of species by means of natural selection，or the preservation of favoured races in the struggle for life*. London：J. Murray.

Dong，Z.，Ge，C.，Gao，S. & Wang，J. 2011. Assessment on the Chinese pollution charges system and proposals to the future reform. *In*：Shen，M.，Ge，C.，Dong，Z. & Zhang，B.（eds.）*Progress on environmental economics*. Beijing，China：China Environmental Science Press.

EIA. 2019. *International energy statistics*. Washington，DC：U. S. Energy Information Administration.

EPA. 1998. *AP 42，chapter 1：External combustion sources*，fifth ed. Washington，DC：EPA.

Feng，T. W.，Sun，L. Y. & Zhang，Y. 2009. The relationship between energy consumption structure，economic structure and energy intensity in China. *Energy Policy*，37，5475-5483.

Ge，C.，Ren，Y.，Gao，S.，Sun，G. & Long，F. 2011. Wastewater discharge tax design：From pollutant discharge levy to environmental tax. *In*：Shen，M.，Ge，C.，Dong，Z. & Zhang，B.（eds.）*Progress on environmental economics*. Beijing，China：China Environmental Science Press.

Goulder，L. H. & Parry，I. W. H. 2008. Instrument choice in environmental policy. *Review of Environmental Economics and Policy*，2，152-174.

IEA. 2017. *World energy outlook*. Paris，France：IEA.

IEA. 2019. *Global EV outlook 2019*. Paris，France：IEA.

IMF. 2019. *World economic outlook database October 2019*. Washington，DC：IMF.

MEP & AQSIQ. 2011. *Emission standard of air pollutants for thermal power plants*. Beijing，China：MEP & AQSIQ.

Ministry of Environmental Protection. 2014. *The list of China's SO_2 scrubbers in coal- fired power plants*. Beijing，China：Ministry of Environmental Protection.

Ministry of Environmental Protection & General Administration of Quality Supervision Inspection and Quarantine. 2011. *Emission standard of air pollutants for thermal power plants.* GB 13223-2011. Beijing, China: Ministry of Environmental Protection.

Ministry of Environmental Protection, National Development and Reform Commission & National Energy Administration. 2015. *Comprehensive implementation of the upgrading and retrofitting action plan for energy conservation and pollution mitigation in the coal-fired power sector.* Beijing, China: Ministry of Environmental Protection.

National Bureau of Statistics. 1997-2008. *China energy statistical yearbook.* Beijing, China: China Statistics Press.

National Development and Reform Commission, Ministry of Environmental Protection & National Energy Administration. 2014. *Upgrading and retrofitting action plan for energy conservation and pollution mitigation in the coal-fired power sector (2014-2020).* Beijing, China: Ministry of Environmental Protection.

National People's Congress. 2001. *The outline of national 10th five-year plan on economic and social developments.* Beijing, China: The 4th Conference of the 9th National People's Congress.

National People's Congress. 2006. *The outline of the national 11th five-year plan on economic and social development.* Beijing, China: The 4th Conference of the 10th National People's Congress.

National People's Congress. 2011. *The outline of the national 12th five-year plan on economic and social development.* Beijing, China: The 4th Conference of the 10th National People's Congress.

National People's Congress. 2016. *Environmental protection tax law of the people's republic of China.* Beijing, China: The 4th Conference of the 10th National People's Congress.

National Statistics Bureau & Ministry of Ecology and Environment. 2019. *China statistical yearbook on environment 2018.* Beijing, China: China Statistics Press.

NDRC. 2001. *Key special 10th five-year plan on energy development.* Beijing, China: NDRC.

NDRC. 2004. *Technical code for designing flue gas desulfurization plants of fossil fuel power plants.* DL/T5196-2004. Beijing, China: NDRC.

NDRC. 2007. 11th five-year plan on energy development. Beijing, China: NDRC.

NPC. 1988. *The standardization law of the people's republic of China.* Beijing, China: 7th National People's Congress of the People's Republic of China.

NPC. 2002. *Environmental impact assessment law of the people's republic of China.* Beijing, China: 9th National People's Congress of the People's Republic of China.

Ohara, T., Akimoto, H., Kurokawa, J., Horii, N., Yamaji, K., Yan, X. & Hayasaka, T. 2007. An Asian emission inventory of anthropogenic emission sources for the period 1980-

2020. *Atmospheric Chemistry and Physics*, 7, 4419-4444.

Portney, P. R. & Stavins, R. N. 2000. *Public policies for environmental protection.* Washington, DC: Resources for the Future.

SEPA. 2001. *National 10th five- year plan on environmental protection.* Beijing, China: State Environmental Protection Administration.

SEPA. 2005. *Flue gas limestone/lime- gypsum desulfurization project technical specification of thermal power plant.* Beijing, China: State Environmental Protection Administration.

SEPA. 2006a. *Guidelines on calculating SO$_2$ emission quotas.* Beijing, China: State Environmental Protection Administration.

SEPA. 2006b. *Technical guidelines for environmental protection in power plant capital construction project for check and accept of completed project.* Beijing, China: State Environmental Protection Administration.

SEPA. 2007. *Detailed methods to verify major pollutants emission reduction in the 11th five- year period (on trial)*. Beijing, China: State Environmental Protection Administration.

SEPA & AQSIQ. 1996. *Emission standard of air pollutants for thermal power plants.* GB 13223-1996. Beijing, China: SEPA, AQSIQ.

SEPA & NDRC. 2008. *National 11th five- year plan on acid rain and SO$_2$ pollution control.* Beijing, China: State Environmental Protection Administration, NDRC.

Sheng, C. D., Xu, M. H., Zhang, J. & Xu, Y. Q. 2000. Comparison of sulphur retention by coal ash in different types of combustors. *Fuel Processing Technology*, 64, 1-11.

Shi, D. & Yu, C. 2005. *Optimization design, technical control and coal quality evaluation of contemporary coal pre- processing.* Beijing, China: China Contemporary Audio and Video Press.

Singer, J. G. 1981. *Combustion, fossil power systems: A reference book on fuel burning and steam generation.* Windsor, CT: Combustion Engineering.

Smith, S. J., Pitcher, H. & Wigley, T. M. L. 2001. Global and regional anthropogenic sulfur dioxide emissions. *Global and Planetary Change*, 29, 99-119.

State Council. 1990. *Regulations for the implementation of the law of standardization.* Beijing, China: State Council.

State Council. 1998. *Administrative rule on environmental protection of construction projects.* Decree No. 253. Beijing, China: State Council.

State Council. 2007a. *Notice on distributing implementation plans and methods of statistics, monitoring and assessment on energy conservation and pollutant emission reduction.* Beijing, China: State Council.

State Council. 2007b. *Notice on distributing the 11th five-year plan on environmental protection*. Beijing, China: State Council.

State Environmental Protection Administration (SEPA) & General Administration of Quality Supervision Inspection and Quarantine. 2003. *Emission standard of air pollutants for thermal power plants*. GB 13223-2003. Beijing, China: State Environmental Protection Administration.

Taylor, M. R., Rubin, E. S. & Hounshell, D. A. 2005. Control of SO_2 emissions from power plants: A case of induced technological innovation in the U. S. *Technological Forecasting and Social Change*, 72, 697-718.

Tietenberg, T. H. 1990. Economic instruments for environmental regulation. *Oxford Review of Economic Policy*, 6, 17-33.

The U. S. Congress. 1990. *Clean air act amendments 1990*. Washington, DC: The U. S. Congress.

Xu, Y. 2011. China's functioning market for sulfur dioxide scrubbing technologies. *Environmental Science and Technology*, 45, 9161-9167.

Xu, Y., Williams, R. H. & Socolow, R. H. 2009. China's rapid deployment of SO_2 scrubbers. *Energy & Environmental Science*, 459-465.

Xu, Y., Yang, C. J. & Xuan, X. W. 2013. Engineering and optimization approaches to enhance the thermal efficiency of coal electricity generation in China. *Energy Policy*, 60, 356-363.

Yan, G., Yang, J., Wang, J., Chen, X. & Xu, Y. 2009. Carry out SO2 emission trading program to set up long-term mechanism for emission reduction. *In*: Wang, J., Lu, J., Jintian, Y. & Li, Y. (eds.) *Environmental policy research series*. Beijing, China: China Environmental Science Press.

Zhang, B., Fei, H., He, P., Xu, Y., Dong, Z. & Young, O. 2016. The indecisive role of the market in China's SO_2 and COD emissions trading. *Environmental Politics*, 25, 875-898.

Zhang, B., Zhang, H., Liu, B. B. & Bi, J. 2013. Policy interactions and underperforming emission trading markets in China. *Environmental Science & Technology*, 47, 7077-7084.

Zhao, Y., Wang, S., Duan, L., Lei, Y., Cao, P. & Hao, J. 2008. Primary air pollutant emissions of coal-fired power plants in China: Current status and future prediction. *Atmospheric Environment*, 42, 8442-8452.

第六章 政 策 实 施[①]

第一节 以目标为中心的政策实施

在许多发达国家，立法和政策制定是环境保护最重要的步骤，而实施环节尽管可能仍然存在一些波折，但基本上是可以顺利推进的。但在中国和多数发展中国家，政策执行对于解决环境问题可能比政策制定更重要。在美国，法制体系要求行政部门执法，如在 1990 年《〈清洁空气法〉修正案》中的酸雨计划颁布后，执法主要由行政部门负责。中国还没有完全建立起这样完善的机制来确保法律和政策得到真正执行。此外，中国的政策实施在很大程度上依靠地方政府（第三章），而美国联邦政府实施自身政策的人力和物力资源相对中国中央政府要集中很多。中国和美国的一个关键区别是，中国需要首先动员其分散的政策实施者，然后再见证重大的执法努力和减排效果。如第四章所述，中国依靠目标体系来动员中央政府各部委及地方政府积极参与政策制定和有效的政策实施。

中国的环境守法确实有欠缺，但一直在稳步改善。"十一五"以来，中国在扭转早先环境政策执行不力方面取得了很大进展（Jin et al., 2016）。燃煤电厂普遍安装了脱硫设施，截至 2013 年已经覆盖了 94.4% 的燃煤发电容量（图 5.11）。尽管目前脱硫设施运行良好，为大幅减少二氧化硫排放做出了巨大贡献（图 1.7），但瞒报行为之前曾普遍存在，暴露了严重的不合规问题。研究表明，许多工厂主要关注的是最大限度地降低运营成本，只有在应对政

---

① 本章部分内容经许可从作者发表的以下文章改写：XU, Y. 2011. Improvements in the operation of SO₂ scrubbers in China's coal power plants. Environmental Science & Technology, 45, 380-385. Copyright (2011) American Chemical Society。许多内容都经过修订和扩充。

府检查时才会运行污染物去除设施（OECD，2006）。官方数据报告2007年电力行业的二氧化硫排放量为1150万t，但一项独立研究估计当年排放量为1640万t（Lu et al.，2010；Ministry of Environmental Protection，1997-2011）。此外，官方数据还显示，2007年有73.2%的二氧化硫从安装有脱硫设施的燃煤电厂中被去除（Ministry of Environmental Protection，2009b）。然而，在环境保护方面有着较好记录的江苏省，2007年前几个月这一比例仅为约三分之一（SERC，2009）。特别是在2007年6月之前，瞒报现象似乎很普遍（图6.1）。尽管几乎所有燃煤电厂报告其脱硫设施运行正常，但后来检查中确认数据时却发现实际运行时间要短得多（图6.1）。即使对于那些正在运行的，它们的二氧化硫去除效率也往往远低于要求（SERC，2009）。然而，2007年7月之后，绝大多数脱硫设施运行时间在90%以上，并且二氧化硫去除效率也在90%以上（Jiangsu Department of Environmental Protection，2007-2009）。原环境保护部的数据显示，2008年安装脱硫设施的燃煤电厂已经去除了78.7%的二氧化硫（Ministry of Environmental Protection，2009b）。本章评估了这种转变，并研究了过去的环境违法是如何被扭转过来的。

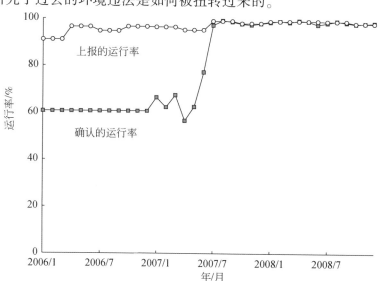

图6.1　江苏省脱硫设施运行情况（The Economic & Trade Commission of Jiangsu Province，2009；Jiangsu Environmental Protection Bureau，2009；State Electricity Regulation Commission（Nanjing Office），2008）

由电厂报告的及检查后确认的运行率

安装脱硫设施后，燃煤电厂的管理人员有权决定是否运行。有安装脱硫设施的意愿并不一定意味着激励措施足以使其正常运行。全国的脱硫设施在单机容量、技术类型、燃煤含硫量、消耗试剂成本和所在地环境治理有效性方面差异很大。它们的运行情况在各省之间存在重大差异。

研究表明，有三个条件有利于污染源决定遵守环境政策：低合规成本、对违规行为的严厉处罚以及发现违规行为的高概率（Cohen，1999；Helland，1998；Becker，1968）。后两个条件有很强的互补性。2000 年的研究显示，在中国"因漏报而被抓到的可能性和相应的惩罚都很低"（Blackman and Harrington，2000）。2009 年国际能源署（IEA）的一份报告称，由于运营成本高且环境监管不力，中国的脱硫设施运行存在问题（IEA，2009）。作为发现违规行为的关键因素，有效的环境合规监测系统对于实施环境政策和实现其预期目标的重要性已得到广泛认可（Lu et al.，2006；Raufer and Li，2009）。监测和核查对于发现违规行为至关重要，但受到高成本和有限预算的制约（Arguedas，2008）。这个问题在发展中国家尤其严重（McAllister et al.，2010；Blackman and Harrington，2000）。酸雨计划为在美国实施二氧化硫配额交易，安装了连续排放监测系统（CEMS），并"定期对监测设备进行质量控制测试，以保持排放数据的准确性"（The U. S. Congress，1990；Stranlund and Chavez，2000）。为了提高合规监测的效果，大的污染源受到的关注更多。一项针对美国钢铁行业的研究发现，无论大型工厂合规记录有多好，它们都会比小型工厂受到更多审查（Gray and Deily，1996）。

与政策制定类似，中国的政策实施也是以目标为中心的。中央和地方政府更多地关注政策实施是否有助于目标的实现。高度分散的政策执行有助于有选择和以目标为中心的执法工作。考虑到政策实施的政治、经济、社会和技术可行性以及执行能力限制，实际实施中能够减排更多污染的政策将更有可能获得优先考虑和资源分配。如第五章所述，这将触发通过实施效果来选择适应政策的机制，并促进政策的进化与演变。在之前环境合规概率较低的背景下，政策实施中那些有助于提高其水平的因素会选择性地依次得到加强，而这种选择性取决于相应的努力可以多有效地取得进展。在一定时期内，合规成本由技术现状和市场条件决定，在很大程度上并不是由环境管理部门直接决定的。正如第七章所详细研究的那样，从长远来看，技术可能会发展，成本可能会下降。本章将主要研究另外两个因素，即对违规行为的处罚和环境合规监测。

这种以目标为中心的政策实施与大卫·李嘉图（David Ricardo）为分析国际贸易的发展而提出的比较优势理论相呼应（Ricardo，1817）。在两国两种产品的模式中，即使一个国家在生产两种产品方面生产率都较低或处于绝对劣势，但它仍然可以根据比较优势专门生产和出口一种产品，而只进口另一种产品。Heckscher 和 Ohlin 进一步发展了该模型，将比较优势的起源归因于一个国家的要素禀赋（Ohlin，1967）。它后来成为发展理论的基础，该理论认为，一个国家的发展应该基于其比较优势（Chenery，1961）。林毅夫等人用这一理论来解释中国和其他国家经济的快速增长（Lin et al.，2003）。在1978 年之前，中国没有利用其比较优势，而采取了跨越式战略发展资本密集型重工业，这导致了缓慢和不可持续的经济增长。在改革开放之后，劳动力的比较优势更好地被用于实现经济的快速增长和升级（Lin et al.，2003）。

从普遍环境违规的初始状态出发，不同的政策实施路径在实现最终减排目标方面有着不同的比较优势。在以目标为中心的政策实施中，政策实施者会判断哪条路径可以更好地服务于减排目标（而非所有政策是否都得到比较好的执行），所选择的路径会沿着执法资源"生产力"相对较高的方向，发挥执法资源在促进实际减排上的使用效率。换言之，尽管在此过程中存在许多环境政策执行不力的问题，以目标为中心的政策实施改进将优先采取较容易的措施，然后再采取较困难的措施。

本章将探讨三项关键措施的进展情况。国家首先加大了对环保违规行为的处罚力度。2007 年的一项政策通过为燃煤电厂提供补贴激励其正常运行脱硫设施，不运行的将受到五倍的罚款。因为燃煤电厂基本是国有的，如果在脱硫设施运行上作弊被抓，作为处罚，其管理人员就有可能会被调离原来的岗位。这些处罚的实现相对容易，为提高发现违规行为的概率，更困难的环境合规监测则在以下两个步骤中得到加强。首先，更多的资源被用来加强以监测、报告和核查（MRV）为特点的传统环境合规监测系统。连续排放监测系统（CEMS）在识别潜在违规方面也发挥了关键作用。因为燃煤电厂在所有污染源中规模相对较大而数量相对较少，核查人员并不需要太多，所以该策略所带来的频繁核查并不会受到资源增长幅度的严重限制。数据质量的提高令执法者和违法者之间的串通也变得更加困难。其次，用于环境合规监测的新技术迅速出现并发展，包括各种传感器、卫星和社交媒体，它们在监测单个污染源方面往往成本更低，但在确认合规状态和发布处罚方面则不够准确。相对而言，传统的 MRV 系统要昂贵得多，但如果其有效运作，可以满足法律准确性的要求。自 21 世纪 10 年代特别是 2015 年以来，中国政府一直在积极发展并将这些大数据技术整合到政府治理中。由于有数以百万计的污染源分散在全国各地，为了在有限的条件下实现更高的环保合规率，一些新技术被应用于环境合规监测。

第二节　脱硫设施合规运行

一、脱硫技术

脱硫设施的合规成本主要用于其运行和维护。因此，了解脱硫技术对于分析燃煤电厂如何谎报合规以及政府如何发现此类违规行为至关重要。

脱硫设施（或烟气脱硫设施）分为多种技术类型。湿法脱硫是应用最多的技术，其二氧化硫去除效率通常超过 90%（图 5.15）。本节介绍湿法脱硫的主要特点，并简要比较它与干法脱硫的区别。

烟气从除尘设施（燃煤电厂里通常是静电除尘器 ESP）中出来后，被引导至脱硫系统。通常情况下烟气先通过风机或增压器促进流动并将流速调整到理想的范围内，以使脱硫设施达到最佳性能。烟气进入吸收塔，在那里实际去除二氧化硫。一般来说，300MW 及以上的燃煤发电机组应有自己单独的吸收塔，而两台 200MW 及以下的机组可以共用一个（NDRC，2004）。烟气从中下部进入吸收塔并向上移动。石灰石浆和化学反应产物的混合浆液填充在吸收塔的下部，并由几个循环泵提升到顶部，从喷嘴喷洒出来，以最大限度地提高二氧化硫去除效率。下落的浆液液滴与烟气进行物理接触，并通过化学反应去除 90%–95% 的二氧化硫。简单地说，主要的化学反应是

$$CaCO_3 + SO_2 + H_2O \longrightarrow CaSO_3 + CO_2 + H_2O$$

空气被吹入吸收塔下部的浆液池中，促使 SO_3^{2-} 氧化并生成石膏（$CaSO_4 \cdot 2H_2O$）。

化学反应是

$$CaSO_3 + \frac{1}{2}O_2 + 2H_2O \longrightarrow CaSO_4 \cdot 2H_2O \downarrow$$

在烟气从吸收塔顶部排出之前，先通过去除雾器设备。由于处理过程从烟气中去除了大量热量，并且烟囱（对于燃煤发电厂来说通常超过 200m 高）的有效排烟需要烟气保持在一定温度以上，因此可能需要加装气—气热交换器，利用进气烟气加热出口烟气。

两个重要的副系统分别用于制备石灰石浆料和生产石膏。石灰石粉碎后与水混合制成石灰石浆。新鲜的石灰石浆通过循环泵进入吸收塔。底部浆料与石膏被泵出并过滤分离石膏。废水进入处理系统。

二氧化硫的去除效率可以通过调节几个主要因素来控制，包括烟气与石灰石浆液液滴之间的接触时间、钙硫比（Ca/S）和液气比（L/G）。接触时间取决于烟气的速度和烟气离开石灰石浆喷嘴之前的路径长度。决定路径长度的主要影响因素包括吸收塔的高度以及多个循环泵的不同喷射高度。喷嘴越高，表示接触和反应路径越长。当发电机组未满负荷运行导致烟气量较少时，不必所有循环泵都运行。因为喷嘴高度不同，选择不同的循环泵可能会对二氧化硫去除效率产生一些影响。然而，更高的吸收塔和更长的接触路径需要循环泵消耗更高的电力来提升石灰石浆液。

在液气比中，液体是指从吸收塔上部喷下的石灰石浆液或循环液体的体积，气体是进入吸收塔的烟气体积。较高的液气比产生更高的二氧化硫去除效率，因为二氧化硫分子被浆液吸收的机会更高。该过程通过循环泵进行控制：如果烟气量没有变化，打开更多的泵预示更高的液气比。由于脱硫设施建成后循环泵的数量和功率是固定的，因此液体体积有一个上限，这限制了通过提高液气比来提高二氧化硫去除效率的可能。

钙硫比是石灰石中碳酸钙（$CaCO_3$）和硫氧化物（SO_x）（主要是二氧化硫 SO_2）之间的摩尔比。在理想情景下，正如上面介绍的化学反应所给出的那样，钙硫比为 1 就可以去除所有二氧化硫并耗尽所有石灰石。但在实际情况中，并非所有石灰石都会被消耗，二氧化硫也不会全部被去除。湿法脱硫设施可以大大提高这两个方面实现的效率。因此，实际的钙硫比仅略高于 1，通常在 1.03 左右（Wu and Qian，2007）。由于二氧化硫的进入脱硫设施的随烟气体积和二氧化硫浓度的变化而变化，即使钙硫比保持稳定，向系统添加石灰石的速率仍然会发生变化。另外，当燃煤实际含硫量大大超过设计水平时，去除二氧化硫的工作负荷可能会过高。在这种情况下，当所有循环泵都打开使液气比达到最大值时，保持所需的高二氧化硫去除效率的唯一方法是提高钙硫比。然而，比设计水平高得多的钙硫比不仅会增加成本，而且可能堵塞系统并影响其正常功能。钙硫比的调节是通过控制吸收塔中石灰石浆液的 pH 来实现的。在日常操作中，pH 应保持在一定范围内。高于正常范围的 pH 表明石灰石过量，应降低新鲜石灰石浆液的注入速率。

湿法脱硫设施消耗的电力约占相应发电机组发电量的 1%。当高硫煤燃烧时，去除二氧化硫的工作负荷很大，该比率可能高达 3.5%。2008 年中国燃煤电厂的厂用电率平均为 6.79%（SERC et al., 2009），其中脱硫设施占比很大。脱硫设施的重要耗电组件包括风扇、循环泵和石灰石浆液制备系统。

脱硫设施具有两个主要的规模效应。

首先，吸收塔的大小很大程度上取决于烟气体积或相应发电机组的容量。更多的烟气量或更大的机组容量可以降低处理单位烟气或每兆瓦的平均成本。吸收塔占了很大一部分的投资成本，这种规模效应可以显著降低单位投资成本。由于大多数非电力行业二氧化硫排放源消耗的煤炭要少得多，不能产生足够多的烟气量来形成规模效应，因此脱硫设施的单位成本通常更高。

其次，入口烟气中较高的二氧化硫浓度或更高的硫输入率会增加单位烟气处理的投入，因为它们需要更大的石灰石制备和石膏处理系统，还可能需要更高的吸收塔和更多的循环泵。从处理每单位二氧化硫来看，这些系统也可以产生规模效应。入口烟气中的二氧化硫浓度主要由两个因素决定：煤的含硫量和热值。与含硫量的关系非常简单：如果不同类型的煤只是含硫量不同，那么含硫量越高表示烟气中的二氧化硫越多。在相同的热效率下，烟气的体积主要取决于输入热值。煤的热值较低意味着必须燃烧更多的煤才能获得所需的输入热量，从而产生更多的二氧化硫。因此，煤炭中每单位热值的含硫量是脱硫设施入口烟气二氧化硫浓度更准确的指标。

脱硫设施的副产品是石膏，它可以在市场上出售或进入垃圾填埋场，可用作建筑材料。

脱硫设施的运行和维护（O&M）与材料（主要包括石灰石、电力和水）、劳动力及维护成本有关。石膏销售额通常只能抵消很少一部分成本。如果脱硫设施的质量大致相同，则维护成本与脱硫设施的投资呈正相关。因此，在每兆瓦时（MWh）发电或每吨二氧化硫去除量的基础上，更大规模的脱硫设施可以通过规模效应降低维护成本。类似的规模效应也与劳动力成本有关，但这对整体运维成本的影响有限，因为劳动力成本在总运维成本中比例不大。例如，我在燃煤电厂的实地考察中发现，2008 年大约需要 15 名工人来运行 300MW 的脱硫设施和静电除尘器。他们的年度总成本当时在一百万元人民币左右。而全国脱硫设施的平均运维成本约为 15 元/MW·h，表明如果容量系数为约 5000h/a，总运维成本将大约是 2300 万元人民币。那么劳动力成本的占比将低于 5%。

材料占运行成本的大部分。在正常运行中，钙硫比保持稳定，因此石灰石消耗量与硫输入量大致呈线性关系。运行脱硫设施的耗电量大致可分为三个部分：主要与烟气量相关的风机，受硫输入量影响的石灰石和石膏的处理，以及与烟气量和硫输入量都相关的循环泵。大部分耗水是在吸收塔中蒸发进入烟气，水蒸气与清洁后的烟气一起排入大气中。因此，用水量主要与烟气量相关，也受规模效应的影响。

由于其广泛的可用性和低成本，石灰石是湿法脱硫中的主要吸收试剂。有时也会使用其他碱性试剂，例如海水和碱性废水。此外，脱硫设施可以是干式的。石灰（CaO）也可以用作吸收试剂，但由于其利用率低，钙硫比必须高得多（1.3–1.5）才行。一般干法脱硫二氧化硫去除效率在 70%–80%，低于湿法。干法脱硫设施的投资成本较低，但运行和维护成本较高（EPA，2003）。

二、违规行为

燃煤电厂的管理者有强烈的动机来规避运营和维护（O&M）成本。江苏省的数据显示，从 2006 年到 2007 年 6 月，燃煤电厂自我报告的运行率（脱硫设施运行时间占相应的发电机组运行时间的百分比）明显高于后来的确认值，分别为超过 90% 和约 60%。后者可以通过石灰石消耗量、石膏产量和电力消耗等其他相关数据分析得到（图 6.1）。这种差异反映了可能的误报。本节讨论在作者访谈和文献中出现的几个突出问题。这些问题阻碍了脱硫设施的正常运行，并且在估算燃煤电厂二氧化硫排放量方面也造成了非常大的不确定性。

典型的违规可能包括以下行为。

第一，低报二氧化硫排放量，脱硫设施的质量也可能很差。燃煤电厂故意少报二氧化硫排放量，这样排放可以符合标准，而且支付的排污费也较少。2007年，燃煤电厂消耗的煤炭中有98%是原煤（National Bureau of Statistics，2008）。燃煤电厂被允许从原煤中挑出煤矸石后计算实际的煤炭消耗量。在采访中，作者发现煤矸石的量有时被夸大了。这一因素可能导致二氧化硫排放量被低估1%-2%。此外，中国的燃煤电厂不同时间使用的煤炭含硫量可能差异很大。这一不稳定的煤炭供应也被Steinfeld等（2009）证实。这使得燃煤含硫量的低报更难被发现。在对脱硫公司的采访中发现，许多早期脱硫设施（例如2005年之前）存在严重的质量问题。为了达到设计的二氧化硫去除效率，除了更换故障设备外，一些脱硫设施甚至不得不改造其非常昂贵的吸收塔。脱硫设施出现故障的第一个主要原因是它们是根据少报的含硫量设计的。在国家首次公开处罚脱硫设施异常运行的通知中，特别指出了运行不稳定和质量差的问题，并点名三家电厂使用的煤炭含硫量远高于设计水平（Ministry of Environmental Protection，2008）。如果燃煤电厂的管理人员在脱硫设施的设计阶段少报含硫量，他们很有可能将继续这样做以掩盖其违规行为。有些管理人员最初并不打算正常运行脱硫设施，因此也不太关心设备的质量。安装脱硫设施纯粹是为了符合政府的要求，并有资格获得脱硫电价补贴。管理人员希望通过少报含硫量来最大限度地降低投资成本。燃煤电厂通常会再储备一些低硫煤来应付政府的检查，以达到所需的二氧化硫去除效率。

第二，可能使用非法旁路管道来减少烟气处理。许多脱硫设施都有旁路管道，可暂时将烟气排出而无须通过脱硫设施，其目的是在脱硫设施出现小问题并需要暂时关闭时还能够继续发电。在2007年的一项政策中，燃煤电厂只要保证其脱硫设施至少在90%的时间内正常运行就不会受到处罚（NDRC and SEPA，2007b）。同时，旁路管道也提供了脱硫设施逃避正常运行的机会。2007年和2008年，六座燃煤电厂因非法使用旁路管道和未正常处理烟气而受到处罚（Ministry of Environmental Protection，2008，2009c）。

第三，连续排放监测系统的数据也可能不准确及被篡改。连续排放检测系统可以大大提高环境监测能力。截至 2004 年底，中国有 60 台脱硫设施（Ministry of Environmental Protection，2010a），而 2004 年的一项调查显示有 400 台连续排放监测系统被安装在 180 个燃煤电厂里（Pan et al.，2005）。作者的实地考察和 Steinfeld 等（2009）也都发现连续排放监测系统已经被广泛使用。就成本而言，燃煤电厂没有理由强烈抵制连续排放监测系统的安装。表 6.1 中电厂 3 的两个连续排放监测系统的成本约为 13.2 万美元，仅为电厂脱硫设施投资成本的 0.5%。但是，连续排放监测系统可能不会持续可靠地报告可信数据。一个问题是所用设备的质量。连续排放监测系统在美国的成本要高得多。根据美国环境保护署的成本模型，一套通常超过五十万美元（The U.S. EPA，2007）。2004 年的调查发现，中国只有 20% 的连续排放监测系统正常运行（Pan et al.，2005）。地方环保部门普遍拒绝接受连续排放监测

表 6.1　作者调研的七座燃煤电厂脱硫设施数据

电厂编号	地区	新建或改造	脱硫技术	含硫量/%	运维成本/[$/(MW·h)]	发电利润率/[$/(MW·h)]	脱硫电价补贴/[$/(MW·h)]	排污费**/[$/(MW·h)]
电厂 1	西南	新建	湿法	3.0	3.7	~14.6	2.2	2.0
电厂 2	西南	改造	湿法	4.0				2.8
电厂 3	西南	改造	湿法	3.5	~4.1	>0	2.2	2.5
电厂 4	东部	改造	湿法	1.0*	1.8		2.2	0.7
电厂 5	东部	新建	湿法	0.5	2.2	>>14.6	2.2	0.3
电厂 6	东部	改造	湿法	1.0	<2.2	<7.3	2.2	0.7
电厂 7	东部	改造	干法；湿法	0.7%–1.1%	>3.7；<3.7		3.7	0.4–0.7

注：这些数据是作者在 2009 年 6 月和 7 月的调研中收集的。成本和利润率反映了电厂对 2008 年的最新估算。原始货币单位为人民币。在换算成美元时，使用的汇率是 2008 年 12 月 31 日的水平：1 $ = 6.83 人民币。应受访者的要求，没有显示燃煤电厂的名称。*4 号电厂没有披露含硫量的明确信息。参考东部省份的其他电厂，这里取为 1.0% 用于以后的分析。** 排污费的计算是为了反映关闭脱硫设施时的额外成本。费率是指 0.60 元/kg 或 0.092 美元/kg 二氧化硫（State Development Planning Commission et al.，2003）。其他假设为：灰分中的硫保留率为 20%，如汇编中国官方数据时假设的那样（State Council，2007b）；湿法脱硫设施的二氧化硫去除率为 95%，据作者调研结果；发电热效率参照相应机组规模的标准水平（Zhejiang Bureau of Quality and Technical Supervision，2007）

系统的数据。仅有一套系统被认定为征收二氧化硫排污费的可靠数据来源（Pan et al., 2005）。在与省级环保部门联网以后，连续排放监测系统才被正式接受为排放数据源。然而，作者的受访者仍然表示，他们并不完全信任连续排放监测系统的数据。传感器的位置可能会影响连续排放监测系统的读数，数据报告也可以被人为更改。2008 年，有三个燃煤电厂被发现非法更改上报二氧化硫出口浓度的上限（Ministry of Environmental Protection，2009c）。

第四，燃煤电厂可能数据造假。连续排放监测系统的数据需要每季度与直接测量进行比对，以验证其准确性（State Council，2007b）。中国的一项调查发现，每年进行多次检查可有效减少违规行为，无论监察人员是来自哪个政府层级（Lu et al.，2006）。然而，现场检查的有效性可能会受到限制。根据作者的采访，许多工厂能够在半小时内将脱硫设施的去除效率从零提高到设计水平，如果从中间水平提升，速度还要快得多。因此，一些工厂将脱硫设施关闭或保持在低运行状态，只有在即将进行检查时才将其正常运行，从而降低成本的同时通过检查。

第三节　逆转违规行为：处罚

因为运行维护成本高，激励需要足够有力才能使得燃煤电厂正常运行其脱硫设施。在美国，2008 年的平均运维成本为 1.55 美元/（MW·h）（EPA and DOE，2010）。从这一数字不代表中国的成本，因为脱硫设施的投资成本、劳动力成本和其他成本项目在两个国家间存在巨大差异。我的访谈收集了六家燃煤电厂的相关数据，如表 6.1 所示，运维成本从 1.8 美元/（MW·h）到 4.1 美元/（MW·h）不等，均高于美国的平均水平。燃煤含硫量是影响最大的因素：1 号和 3 号电厂燃烧含硫量为 3%–4% 的煤，其运维成本大约是 4、5、6 和 7 号电厂的两倍，后者燃烧含硫量为 1% 或更低的煤。运维成本可以用作运行脱硫设施的平均边际成本。在发电方面，作者走访的几家燃煤电厂的毛利率从接近于零到远超 14.4 美元/（MW·h）（包括脱硫设施的运维成本和脱硫电价补贴）。

对监察机构和污染企业的一项调查发现，对违规行为的罚款往往不足以威慑潜在的违法者（Lu et al.，2006）。在大多数省份，二氧化硫的初始排污费约为 0.20 元/kg 二氧化硫（0.031 美元/kg），低于大型电厂的边际减排成本（Cao et al., 1999；Dasgupta et al., 1997）。污染企业甚至可以只需要为排污付费就会使排污行为合规，且成本更低。当面临处罚时，污染企业的第一反应是与环保部门谈判或要求地方政府干预（Lu et al., 2006），而这经常会降低处罚的力度。

2005 年 7 月，二氧化硫排污费由 2003 年的 0.20 元/kg 提高到 0.60 元/kg（0.092 美元/kg）（State Development Planning Commission et al., 2003）。但是如表 6.1 换算成美元/兆瓦时所示，这一收费水平还是太低，无法克服更高运维成本带来的障碍。2007 年排污费计划再次增加，在三年内达到 1.20 元/kg（0.18 美元/kg）（State Council, 2007a），但确切的时间表因地而异。在江苏省，高费率自 2007 年 7 月起开始征收（Jiangsu Department of Environmental Protection, 2008）；而在河南省，低费率在 2010 年第一季度仍然适用（Henan Department of Environmental Protection, 2010）。对应于高费率，燃烧高硫煤的燃煤发电厂就已经发现运行脱硫设施比支付排污费便宜（表 6.1 中的 1 号和 3 号电厂）。但是，对于其他电厂（4，5，6 和 7），支付排污费依然比运行脱硫设施成本低。

2004 年，另一项政策出台：如果新的燃煤电厂与脱硫设施一起投运，脱硫电力可以享受 15 元/（MW·h）［2.2 美元/（MW·h）］的电价补贴（NDRC and SEPA, 2007a）。2006 年 6 月，该政策扩大到涵盖所有脱硫设施，包括改装的（NDRC and SEPA, 2007a）。一些燃煤电厂获得了更高的脱硫电价补贴，如表 6.1 中的 7 号电厂。脱硫电价补贴和排污费加起来略高于运维成本（表 6.1），但该微小差异表明只有当大多数谎报运行被查获时，才会选择正常运行。

"十一五"规划中，违规处罚大幅增加。2007 年，一项严厉的处罚措施首次与脱硫电价挂钩：如果脱硫设施的运行率低于 80%，则没有经过脱硫的发电将被处以脱硫电价补贴的五倍罚款，即 75 元/（MW·h）［11.0 美元/（MW·h）］（NDRC and SEPA, 2007b）。这样查获谎报运行的概率不需要很高，因燃煤电厂的预期处罚会高于其正常运行成本，从而保证了脱硫设施的正常运行。对于表 6.1 中燃烧高硫煤的 3 号电厂，对应 0.60 元/kg 二氧化硫（0.092 美元/kg）的排污费，如果不运行被查获的可能性超过 26%，则正常运行脱硫设施是成本更低的选择（计算公式见表6.2注解）。对于燃烧中低硫煤的4号和5号电厂，这一要求最小查获概率约为七分之一。此外，燃煤电厂的管理人员还有额外的处罚。

表6.2　燃煤电厂管理者的决策情景

情景	脱硫设施能否工作正常	脱硫设施是否正常运行	机组是否正常发电	燃煤电厂的边际净收入
（1）	能	是	是	基准利润
（2）	能	否	是	基准利润+运维成本−C%×（脱硫电价补贴+排污费+罚金）
（3）	否	否	是	基准利润+运维成本−C%×（脱硫电价补贴+排污费+罚金）
（4）	否	否	否	0

注：$C\%$是脱硫设施不运行被查获的实际概率。脱硫设施正常运行时需要情景（1）中的净收入大于情景（2）中的净收入。相应的条件可以计算为$C\% > \dfrac{运维成本}{脱硫电价补贴+排污费+罚金}$。如果脱硫设施不能正常工作（设施故障），当情景（4）中的净收入大于情景（3）中的净收入时$C\% > \dfrac{基准利润+运维成本}{脱硫电价补贴+排污费+罚金}$，停止发电成为合理的决定。由于基准利润通常是正的，因此在脱硫设施没有故障时正常运行比要求燃煤电厂其设施故障时停止发电更容易。为了鼓励燃煤电厂尽快修复故障的脱硫设施，脱硫设施运行时的净收入应比其故障时更多，即满足以下条件：$C\% > \dfrac{运维成本}{脱硫电价补贴+排污费+罚金}$

2007年的处罚条款还旨在最大限度地容忍因为脱硫设施偶尔会因事故、设备故障或其他原因而短暂停止运行。当不能工作时，二氧化硫排放可以通过燃烧低硫煤或关停发电机组来控制。只要运行率高于90%，就不会处以罚款；如果运行率在80%−90%，则处以15元/（MW·h）的轻微处罚；只有运行率低于80%时才会处以75元/（MW·h）的严厉处罚（NDRC and SEPA，2007b）。由于重新启动发电机组的成本相对更高，因此当脱硫设施能快速修复时，脱硫设施的运行和维护成本在这种情况下可能不再重要。

如果问题必须花费大量时间来解决，例如几周，并且或面临75元/（MW·h）的罚款时，这些经济激励和处罚措施可以迫使多数燃煤电厂发电机组停机。虽然不运行脱硫设施发电可以赚取利润，且避免了脱硫设施的运行和维护成本，但如果被查获，燃煤电厂将需要退还脱硫电价补贴并支付排污费以及巨额罚款。只要查获脱硫设施不运行的概率足够低（见表6.2的具体计算），许多燃煤电厂可能会继续发电。对于利润率较大的燃煤电厂（如表6.1中的5号电厂），只从经济角度考虑的话，即使要交罚款发电机组也不会停机。然而，当作者访问5号电厂时，由于脱硫设施故障，相应发电机组已经停运了几个星期。另外，对负责人的个人处罚可能起到了作用。足够高的查获概率可以督促燃煤电厂尽快修复发生故障的脱硫设施（见表6.2的具体计算）。如果实际概率达不到这个水平，那么与早年一样，在建设时燃煤电厂就不需要特别关注脱硫设施的质量，从而节省投资成本。

此外，燃煤电厂还应遵守二氧化硫去除率和污染物排放标准的规定（NDRC and SEPA，2007b；State Environmental Protection Administration and General Administration of Quality Supervision Inspection and Quarantine，2003；MEP and AQSIQ，2011）。从技术上讲，燃煤电厂实际可以在一定范围内选择二氧化硫去除率。例如，较高的钙硫比或液气比能从烟气中去除更多的二氧化硫。同样，如果不加以监管，燃煤电厂可以降低二氧化硫去除率以降低成本。另外，随着煤炭含硫量和发电负荷的变化，二氧化硫浓度和烟气量也会相应变化。脱硫设施可以使用与调整二氧化硫去除率相同的方法来适应这些变化，而这种能力是其可靠运行所必需的。

中央政府要求设立最低的二氧化硫去除率标准（NDRC and SEPA，2007b），省级政府负责制定细节。例如，当二氧化硫去除率低于预期水平（湿法脱硫通常为90%）时，河南省会将这一部分时间计为脱硫设施没有运行（Henan Development and Reform Commission and Henan Environmental Protection Bureau，2007）。在正常情况下，上述政策的激励措施是足够强大的，能够使脱硫设施正常运行达到所需的二氧化硫去除率水平。作者实地考察的两个案例可以证实这些决定。在第一个案例里，含硫量的大幅上升只是暂时的情况。6号电厂脱硫设施的设计燃煤含硫量为0.84%，但在2008年煤炭供应短缺的一段时间内，能够买到的煤实际含硫量高于2%。含硫量的急剧增加给脱硫设施带来了沉重的负担。为了保持二氧化硫去除率超过90%，解决方案是将钙硫比从1.03的设计水平临时提高到1.3。在第二个案例里，燃煤含硫量的增加预期将持续很长时间，临时解决办法将不可持续。作者访问的八家燃煤电厂中有的就不得不关停并重新改造原来的脱硫设施，以处理二氧化硫浓度更高的烟气。该电厂在原来吸收塔的顶部加高一截，使吸收塔变得更高，烟气和石灰石浆液接触和反应的路径更长，还可以有垂直空间添加额外的循环泵以提高液气比。

为了更好地落实激励措施，政府机构和相关企业明确了各自的职责：电网公司负责及时支付脱硫电价补贴，省级环保部门收取排污费，省级价格管理部门负责根据实际运行率收回违规不运行时支付的脱硫电价补贴（NDRC and SEPA，2007b）。2008 年有 7 家燃煤电厂，2009 年有 5 家因数据造假或不运行脱硫设施而受到 75 元/（MW·h）的罚款（Ministry of Environmental Protection，2008，2009c）。

中央和地方政府并不是唯一以目标为中心的机构。几乎所有的燃煤电厂都是国有的，被分配了二氧化硫排放总量的配额或目标（SEPA，2006）。目标和政策在脱硫设施合规运行的决策中都起着至关重要的作用。除经济处罚外，违规行为还会受到行政处罚。在环境执法和合规方面，地方政府、电力公司和燃煤电厂的决策者也会关注其二氧化硫排放上限或目标。如果二氧化硫的去除率太低或者被发现脱硫设施不运行，二氧化硫排放许可可能很快就会用完。此外，脱硫设施运行严重异常将会受到公开处罚（MEP and NDRC，2008；Ministry of Environmental Protection，2009a），负责人需要承担相应责任。

第四节　逆转违规行为：环境合规监测

环境合规监测的有效性决定了不合规行为被发现的概率。我国的排放数据监测、报告和核查（MRV）系统很大程度是自下而上的，这可能会面临两大挑战。第一个挑战在于系统的高成本。尽管所有国家都存在环境合规监测资源限制，但由于合规监测成本高、资源有限、环境机构人手不足、培训和技术支持不足等原因，这一问题在发展中国家特别突出（Arguedas，2008；McAllister et al.，2010；Blackman and Harrington，2000；Russell and Vaughan，2003；Pan et al.，2005）。如何更好地利用现有资源对于有效实施国内政策和国际环境条约至关重要。合规监测是执行环境政策中最耗费资源的一环。例如，排放交易需要能够杜绝作假并验证实际排放水平（Kruger and Egenhofer，

2006)，而在欧盟碳排放交易体系中，合规监测占了德国公司交易成本的69%（Heindl，2012）。即使在法制普遍比较完善的发达国家，许多中小型污染者的存在也会严重分散现有资源的使用。由于规模效应，大型点源所排放的大量污染物可以分担合规监测成本，从而降低单位污染物的相应成本，因此在决定监测资源分配时通常被优先考虑（Heindl，2012；Gray and Deily，1996）。由于中国幅员辽阔，庞大的环境合规监测系统需要大量人力和物力。仅在"十二五"规划（2011-2015年）中，国家就计划投资400亿元人民币（约59亿美元）来增强相关的环境监管能力（MEP，2013）。

第二个挑战是蓄意操纵数据。环境监测数据报告一般必须经过排污企业和各级地方政府及有关部门审查后才会上报中央政府。大部分环境合规监测能力，如人员和政府支出都在地方政府，而中央政府主要负责政策制定。二氧化碳、二氧化硫和氮氧化物的排放量通常通过自下而上的能源消费数据和排放因子计算（Liu et al.，2015；Lu et al.，2011；Zhang et al.，2007）。这种方法得来的数据在上报的不同环节上可能被利益相关者故意修改（Tsinghua University，2010）。近年来，为实现国家的能源和污染物排放控制目标，中央向地方政府和能源密集型企业施加的压力越来越大（Xu，2011b）。与实际减排的技术挑战性、高昂经济成本和各种阻力相比，篡改报告中的污染物排放数字可能是更便捷的方式（Jin et al.，2016）。

客观的资源限制和有意的数据操纵可能会严重影响数据质量，从而损害环境合规监测的有效性。面对环境危机的巨大压力，中国政府一直在积极寻找提高环境数据质量的解决方案。

一、模型构建

为了更深入地了解我国的环境合规监测，构建了一个概念性、可计算的模型来模拟不同环境合规监测策略下合规率的演变，特别考虑了污染减排成本、违规对应的处罚以及合规监测的有效性等三类影响因素。本章附录提供了该模型的数学结构。

该模型基于两个研究领域的文献来创建理论框架。第一个领域的经济学文献将违法理解为理性选择的结果。污染者选择合规还是违规是在比较相关的成本和收益之后做出的决策（Polinsky and Shavell，2000；Becker，1968；Glaeser，1999；Xu，2011a；Shimshack，2014；Levitt，2004）。如果污染者考虑不遵守环境政策，则预期收益为其节省的污染物减排成本。然而，这种行为将产生预期成本，即违规处罚和被查获概率的乘积。如果预期收益大于预期成本，风险中立的理性污染者就会选择违规。合规或违规决定被认为是故意的，而不是随机的。第二个领域的文献涵盖如警务巡逻、污染控制和逃税，研究了如何提高发现违规行为的可能性。尽管效果好坏参半，合规监测可以应用各种策略来提高资源的利用效率。Levitt（2004）发现，警务巡逻策略的影响很小，而警察的数量可以表征犯罪率变化。为了促进依法纳税，可以筛查纳税人来选择审计对象，但这一审计规则对合规的影响并不一致（Konrad et al.，2017；Vossler and Gilpatric，2018）。参考流行病学领域，为促进公共卫生和提高人群发病早期发现率（Bonita et al.，2006），先对人群进行初步筛查，结果呈阳性的人必须进一步诊断，以确认他们是真阳性还是假阳性。

本研究将这两个研究领域整合在一起，提出并模拟了两种环境合规监测系统，如图 6.2 所示。基于监测、报告和核查（MRV）的传统系统在模型中被简化，政府的环境合规监测资源主要用于现场核查。该模型采用流行病学

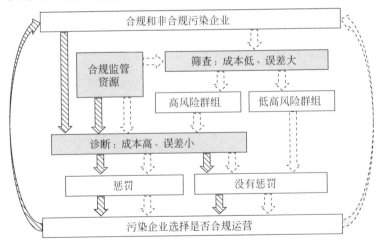

图 6.2 环境合规监测的概念模型

虚线箭头表示筛查系统的流程，斜线箭头表示诊断系统的流程。它们的主要区别在于是否利用筛查技术来区分高、低风险组的筛查步骤。灰色框显示环境合规监测资源的主要用途，这些资源在筛选系统中分配给筛查技术和诊断技术，但在诊断系统将仅用于诊断技术

术语，将这些核查活动称为诊断。如果污染者被发现不遵守政策规定，将被处以罚款。新的环境合规监测系统在诊断之前增加了一个步骤，初步将污染者分为高风险组和低风险组，分别对应较高和较低的违规概率。其后，通过现场检查或其他更准确但成本更高的诊断方法确认高风险组里哪些污染者是真违规。为便于讨论，本书将常规系统称为诊断系统，而新系统包含筛查和诊断，称为筛查系统。许多研究已经应用了犯罪和惩罚的经济学模型来分析环境违规（Xu，2011a；Shimshack，2014；Guo et al.，2014），带筛查步骤的合规监测策略也已广泛应用于多个领域（Konrad et al.，2017；Vossler and Gilpatric，2018；Bonita et al.，2006）。

二、加强常规诊断系统

为应对上述两个挑战，提高发现脱硫设施不运行的可能性，中国在监测和现场核查方面做出了一些重要的改进。首先，为环境合规监测提供了更多的资源。各级政府环保人员数量持续增加：环境监测人员从 2005 年的 46 984 人增加到 2009 年的 52 944 人，再到 2015 年的 61 668 人；而监察人员从 2005 年的 50 040 人增加到 2009 年的 60 896 人，再到 2015 年的 66 379 人（图 3.1）。尽管仍然有限，但人力资源已经可以集中足够力量来特别关注燃煤电厂的脱硫设施。特别是截至 2009 年底，503 座燃煤电厂安装了 461GW 脱硫设施（1264 台），最大的 300 座燃煤电厂的总容量更是占到了 82%（Ministry of Environmental Protection，2010a）。2013 年，282 个燃煤电厂的功率达到或大于1GW，总共有 470GW 脱硫设施，占总数的 62.3%（Ministry of Environmental Protection，2014）。有足够的政府环保人员密切关注这些大型工厂并经常进行检查。

需要进行环境合规监测的污染源（N）的数量差异很大，具体取决于被关注的污染源规模、污染物和其他特征。2007 年 12 月 31 日，国家进行了第一次污染源普查，污染信息记为 2007 年，涉及污染源 5 925 576 个，涵盖1 575 504 个工业源、2 899 638 个农业源、1 445 644 个生活源和 4790 个集中污染控制设施（Ministry of Environmental Protection et al.，2010）。相比之下，中国的年度环境统计报告统计了大约十分之一的污染源，即 161 598 个工业源、131 837 个农业源和 7 578 个养殖场、6 910 个污水处理厂、2 315 个城市废物处理设施和 866 个危险废物处理设施，其中 68 121 个污染源受到专项监督性监测（Ministry of Environmental Protection，2002–2016）。

此外，为了使传统的诊断系统更有效率，自 2007 年以来连续排放监测系统 CEMS 已成为监测脱硫设施运行的关键（NDRC and SEPA，2007b）。作者访问的燃煤电厂中有六家（表 6.1 中，除了 2 号电厂）允许采集其连续排放监测系统的屏幕数据。其二氧化硫浓度值连续变化，不同数据之间逻辑上基本没有矛盾。许多连续排放监测系统和脱硫设施每月接受一到两次检查。由于连续排放监测系统在线实时传输数据，如果有异常数据，政府环保监察人员随即会上门检查。尽管有些检查会事先知会燃煤电厂，但在许多情况下，检查不会提前通知，而监察人员有权直接进入燃煤电厂。在作者访问的电厂中，检查车辆通常只需几分钟即可从大门开到安装脱硫设施的现场。国家正在积极增强现场检查核查能力，各级政府环境监察人员稳步增加（图 3.1）。在国家的环保执政能力建设中，环境监测和监察是重点。2006–2008 年，这两个职能占环境保护政府人员增长的 85%（Ministry of Environmental Protection，2006–2009）。

正如作者在采访中发现的那样，由于担心数据准确性和可靠性，连续排放监测系统并不是跟踪脱硫设施运行的唯一数据源。其他相关数据也被大量收集作为佐证，包括运行和维护记录、发电负荷系数、煤的含硫量、石灰石和其他试剂的消耗、电力消耗、脱硫产品（石膏）的处理、烟气旁路的打开和关闭，以及事故和响应记录（NDRC and SEPA，2007b；SEPA，2007）。入口烟气中的二氧化硫浓度大致上对应燃煤的含硫量。发电负荷系数决定了烟气的流量，并可以与连续排放监测系统直接测量结果进行比对。这些因素共同决定了脱硫设施的硫负荷。对于以石灰石为试剂的湿法脱硫，钙硫比通常相当稳定在 1.02–1.05（Ministry of Environmental Protection，2010b），因而硫负荷决定石灰石的消耗和石膏的生产。燃煤电厂被要求保留购买石灰石的收据，在收据上造假会被认定财务欺诈，责任人将受到严厉处罚。电力是运行脱硫设施的另一个重要消耗品。因为数据较多，且都应该彼此保持一致，所以造假对燃煤电厂来说难上加难。

违规串通问题似乎也已得到控制。连续排放监测系统的数据被同时发送到多个机构，包括政府环境保护部门和电网公司。中国四级政府——中央、省级、地市级、区县级都会检查脱硫设施。监察机构的多样性有效地减少了燃煤电厂和监察人员串通共谋的机会。此外，在"十一五"规划中二氧化硫减排10%的目标压力下，共谋的诱因也大大降低了。

三、利用大数据构建筛查系统

上述加强诊断系统的措施确实有效，但要实现更深度的二氧化硫减排，需要监测上多几个数量级的小型污染源，这给可用的合规监测源带来了严峻的挑战。新出现的环境合规监测技术可以提供新的机会（Kitchin，2014），在有效发现违规行为和利用合规监测资源的效率方面进展迅速。例如，连续排放监测系统在美国酸雨计划和欧盟排放交易计划中发挥了核心作用（The U.S. Congress，1990；Stranlund and Chavez，2000；European Commission，2012）。尽管空间分辨率很低，卫星遥感技术可以提供多种污染物的大规模空间覆盖，并扩展到当前监测网络以外的区域（Streets et al.，2013）。社交媒体和智能手机的普遍使用极大地促进和加强了社会监测环境污染及合规运营的力量（Stevens and Ochab，2010；Kay et al.，2015）。除了无人机（UAV）等新型载体外，各种类型的传感器已被越来越广泛地用于测量污染水平（Snyder et al.，2013；Wang and Brauer，2014）。

中国一直在积极寻求将大数据技术应用于环境保护。2015年，国务院正式印发了《促进大数据发展行动纲要》，鼓励大数据广泛融入政府治理（State Council，2015）。2016年，环境保护部制定了《生态环境大数据建设总体方案》（Ministry of Environmental Protection，2016a），列出了如何收集、整合、开发和应用大数据于环境合规监测、执法和管理的总体框架。

这些新的环境合规监测技术揭示了应对旧挑战的新解决方案。首先，在解决合规监测资源短缺方面，这些技术有可能降低污染源监测成本。一颗观测地球二氧化碳和空气质量的卫星可能要花费几亿美元，如美国航空航天局用于二氧化碳监测的OCO-2卫星，成本为4.65亿美元，但其广泛的空间覆盖和常规监测将大大降低单次观测的平均成本，边际成本更是微乎其微（Wall，2014；Osterman et al.，2018）。其次，其中许多技术可以直接提供自上而下、外部和客观的数据，避免了主观对数据的扭曲。卫星或遥感可以集中收集数据，无须地方政府或污染源本身的直接参与。

然而，这些新的技术体系也有一个关键的弱点。大多数新技术没有达到在法律或行政上惩罚污染者的最低精度要求，而目前正在应用的传统诊断技术（尽管不是全部）只要能有效威慑故意操纵数据，就可以满足这些精度要求。遥感数据在中国已成功应用于研究环境政策对燃煤电厂污染物排放的影响，但其准确性不足以确定个别污染企业的合规状况（Zhang et al., 2009；Li et al., 2010）。

权衡传统技术与新技术的特点，后者在现阶段还不能完全取代前者，但它们在成本和客观性方面的明显优势可以推进中国正在进行的传统诊断系统（MRV）改革，将大数据和传统技术深度整合起来。本节主要讨论改革如何提高环境合规监测的效率和效果。不同的技术具有不同的成本和精度，其优势和劣势可以相互补充，从而建立一个更好的系统。

四、诊断和筛查系统的比较

环境合规率使用本章附录中讨论的通过实证定义的参数进行模拟。本小节讨论模型模拟和灵敏度分析的结果。如果一个输入参数没有在模拟中被特别关注，则采用表6.3中汇总的当前场景指定的经验值。

在筛选系统中的环境合规率（$1-M'$）取决于其初始水平（$1-M^0$）（图6.3）。例如，如果最初有40 000名监察人员，则筛选系统在一定时间步长后根据初始环境合规率会趋向两个均衡合规率（$1-M^*$），约为27%（非常低的合规率）和100%（完全合规）（图6.3）。均衡合规率定义为环境合规率的均衡状态，对应给定参数的经验值，合规率在时间维度上保持稳定，在发生小扰动的情况下，合规率会返回到此均衡状态（表6.3）。当初始合规率高于一定水平时，最终均衡合规率趋于收敛到接近完全合规的高水平。但是，当初始合规率低于这一水平时，可用资源将不足以查获足够的违规情况来改变污染的违规决策。因而，违规将成为污染者的理性首选，也可以说合规监测系统陷入了违规陷阱而难以跳出来。下面筛查系统的模拟将主要分析均衡合规率。相反，诊断系统没有显示有记忆，其在每个时间步长的合规率（$1-M'$）与初

表 6.3　模型中的关键参数变量及其经验值

参数变量		当前情景中的经验值	模型模拟中的经验范围	模拟
M^t	时间步长 t 末的违规率（%）；相应的合规率为 $1-M^t$。均衡违规率 M^* 定义为当 $M^t-M^{t-1}=0$	初始违规率 M^0 假定为 50%，作为 0 到 100% 之间全部可能范围的中间点	M^0 从 0（完全合规）到 100%（完全违规）不等，涵盖了所有可能的合规率	图 6.3
R^t 或 R	时间步长 t 用于合规监测的总可用资源，可在筛查和诊断之间分配，分别为 R^t_s 和 R^t_d。R^t 可以在一个时间步进行调整。当它保持为常量时：$R^t=R$	66 379 名环境监察人员（2015 年）（Ministry of Environmental Protection, 2002–2016）中 46 800 名（70.5%）是环境监察人员（2017 年），参照"双随机、一公开"数据库（Ministry of Ecology and Environment, 2018）	从 1959 人（2015 年中央和省级环境监察人员总数）增加到 185 108 人（2015 年各级环境行政、监察和监测人员总数）（Ministry of Environmental Protection, 2002–2016）	图 6.4
N	需要进行合规监测的污染源数量	80.95 万排污者，参照"双随机、一公开"数据库的合规监测污染源（Ministry of Ecology and Environment, 2018）	从 2015 年接受专项监管监测的 68 121 个国控污染源（Ministry of Environmental Protection, 2002–2016）到第一次污染源普查覆盖的 5 925 576 个污染源（普查日：2007 年 12 月 31 日）（Ministry of Environmental Protection et al., 2010）	图 6.5（a）
$\dfrac{C}{P}$	C：污染减排成本（元/t），因污染源而异；P：对违规行为的处罚（元/t），假设每个受到处罚的污染源都是固定的	2/3（假设违规处罚是污染减排成本的 1.5 倍，是劳动单元格中引入的中国实证案例的中间值）	从 0.1（非常苛刻的 P；在 2007 年操作脱硫设施的法规中，P 是 C 的五倍（Xu, 2011a; NDRC and SEPA, 2007b），到 1.6（很宽松的处罚，C 比 P 高 60%；在中国页岩气开发初期，当时的 P 明显低于 C（Guo et al., 2014）	图 6.5（b）

续表

参数变量		当前情景中的经验值	模型模拟中的经验范围	模拟
Φ ($\cdot$)	$\dfrac{C}{P}$ 的累积分布函数	假设为正态分布，标准差为0.33	由于缺乏实际信息，模型还模拟了对数正态分布的影响	图6.5 (c)
r	筛查和诊断一个污染源所需的资源（分别是 r_s 和 r_d），假定是随时间推移保持不变	r_d：每次现场检查诊断0.074人/a（经验估计见上文）；$\dfrac{r_s}{r_d}$ 假设为10%，或相当于每筛查一个污染源需要0.0074人/a	由于信息不足，该比率 $\dfrac{r_s}{r_d}$ 的范围为1%至100%。根据定义，筛查技术必须比诊断技术成本低。否则，从成本和准确性的角度来看，后者都会更好，没有必要使用筛查	图6.5 (d)
K_1	一种技术将合规案例识别为合规的概率（%）；$1-K_1$：（I类错误）合规案例被错误识别为违规的概率	K_{1s} 和 K_{1d}，筛查和诊断技术的相应概率，分别假设为90%和99%	由于信息不足，对 0~100% 的全范围进行了检查	图6.6 (a) 和 (b)
K_2	一种技术将违规情况识别为违规的概率（%）；$1-K_2$：（II类错误）违规案例被错误识别为合规的概率	K_{2s} 和 K_{2d}，筛查和诊断技术的相应概率，分别假设为70%和90%	由于信息不足，对 0~100% 的全范围进行了检查	图6.6 (c) 和 (d)

始或前期合规率（$1-M^0$ 及 $1-M^{t-1}$）没有关系。它们仅由当前的环境合规监测资源（R^t）决定（图6.3）。

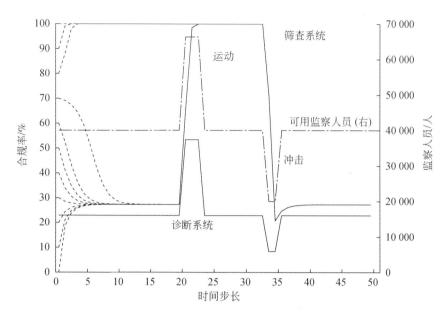

图6.3　诊断和筛查系统模型模拟的合规率（$1-M^t$）［随可用环境合规监测资源（即虚线中外生确定的监察人员数量，R^t）和初始合规率（$1-M^0$，从 0 到 100%）的变化］
在合规率达到均衡水平（$1-M^*$）后，假想的环保执法行动（短期内增加很多监察人员进行更多检查）被触发后运行三个时间步长和假想执法冲击（短期内减少大量监察人员）运行两个时间步长。它们的出现时期在虚线上一起显示。所有其他模型参数均采用表6.3 中当前情景中的经验值

诊断和筛查系统在提高合规率方面的相对有效性在很大程度上取决于可用资源量（R^t）（图6.4）。当资源过于匮乏时（例如，如果全国环境监察人员总数不足30 000 人或2015 年全国可用人员的一半），尽管诊断系统可以取得稍好的结果，但这两个系统都无法实现高合规状态。当资源充足时（如超过130 000 名监察人员或在2015 年可用人员的基础上翻一番），任何一种系统都将导致几乎完全合规，环境合规监测策略无关紧要。而现实中的大多数情况应该介于两者之间，如在2015 年全国有66 379 名监察人员，资源量既不是特别多，也不匮乏。在这些情况下，两种系统导致的合规率将存在较大差异，筛查系统可以更有效地利用可用资源，以实现更高的合规率（图6.4）。

污染源的数量（N）对两种环境合规监测系统的效果有非常重要的影响。

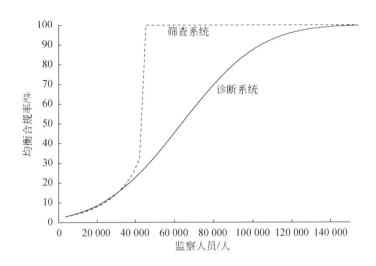

图 6.4　筛查和诊断系统中均衡合规率（1-M^*）与可用监察人员（R）关系的模型模拟

在 2015 年有 66 379 名环境监察人员的情况下，当污染源数量在 50 万-120 万时，筛查系统的合规率明显高于诊断系统［图 6.5（a）］。这两种系统都可以有效监察 50 万以内的污染源并达到基本完全的合规率，但超过 120 万个污染源时监察工作严重超负荷。如附录所述，2015 年国控污染源（一般为大型或危险污染源）为 68 121 个。2015 年可用的监察人员在实现这些污染源总体环境合规方面几乎没有资源限制。"双随机、一公开"计划覆盖了 809 500 个污染源。如果针对这些污染源，筛查系统可以做到几乎完全合规，而诊断系统只能实现约一半污染源合规。如果环境合规监测完全不区别对待 2007 年污染源普查中的 5 925 576 个污染源，则总体合规率将非常低，不到 5%。与国家的实际做法一样，环境合规监测应该策略性地将资源分配给那些规模更大、危害更严重的污染者，否则合规监测系统将不堪重负。从另一个角度来看，模型模拟也表明，小型污染者的环境达标率明显较低。

　　正如犯罪和惩罚的经济学理论所启发的那样，对违规的处罚可以像环境合规监测一样提高合规率。当处罚水平是污染减排成本的十倍时（即 $\frac{C}{P}$ 为 0.1），筛查和诊断系统都可以产生几乎完全的环境合规［图 6.5（b）］。例如，在确保脱硫设施的正常运行时，对违规行为的处罚是污染减排成本的五倍（即$\frac{C}{P}$是0.2）（Xu，2011a）。中国的传统环境合规监测系统更接近诊断系统，但它仍然有效地使燃煤电厂处于模型预测的普遍合规状态［图6.5（b）］（Xu，2011a）。当罚款水平勉强赶上减排成本（即$\frac{C}{P}>1$）时，尽管筛查系统的表现更差，但这两个系统实际上都不起作用［图6.5（b）］。中国早期处理页岩气开发中的水污染就是这种情况（Guo et al.，2014）。

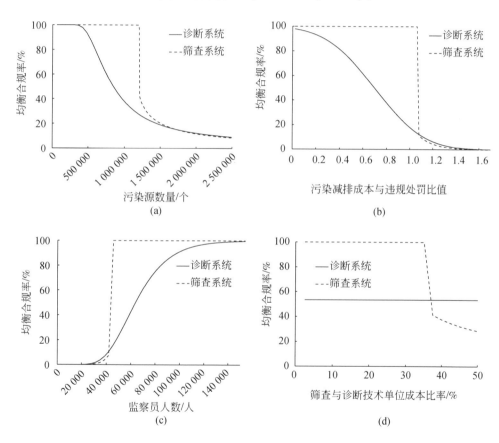

图6.5　筛查和诊断系统中均衡达标率（$1-M^*$）的模型模拟与几个变量之间的关系

（a）污染者数量（N）；（b）污染减排成本与违规处罚之间的比率（成本/处罚比$\frac{C}{P}$）；（c）可用的监察人员（R），其中$\frac{C}{P}$呈现对数正态分布（$\Phi(\cdot)$）；（d）筛查和诊断技术的相对资源需求量$\left(\frac{r_s}{r_d}\right)$

成本/处罚比 $\left(\dfrac{C}{P}\right)$ 的统计分布（$\Phi(\cdot)$）偏差似乎不会对上述模拟结果造成太大差异［图6.5（c）］。当成本/处罚比为对数正态分布而非正态分布时，可用监察人员与均衡合规率之间的关系与前面的情况相似［图6.5（c）］。

监测污染源应仔细选择合规与否的筛查技术，否则，筛查系统不会产生比诊断系统更高的合规率。监测污染源筛查技术的低成本（r_s）对于发挥其作用至关重要［图6.5（d）］。它应该比诊断技术（r_d）节省成本65%以上［图6.5（d）］。此外，在准确性方面，用于筛查和诊断的合规监测技术对Ⅰ类和Ⅱ类错误有明显不同的要求。筛查技术应特别减少Ⅰ类错误，这类错误将实际合规案例归类为高风险组（因此 K_{1s} 通常应在60%以上）［图6.6（a）］；而诊断技术应着力减少Ⅱ类错误，这类错误将实际不合规案例识别为合规从而令其逃避处罚（K_{2d} 通常须高于60%）［图6.6（d）］。对其他两个精度指标的要求要宽松得多。筛查技术不应将超过80%的违规案例归入低风险组（K_{2s} 必须普遍高于20%）［图6.6（c）］。诊断技术将合规案例确认为合规的概率似乎无关紧要（K_{1d}）［图6.6（b）］。虽然该模型仅假定污染者有两种状态，即合规或违规，但污染者在违规的严重程度方面确实有所不同。从这一模型来看，合规监测技术本身就应该有相应阈值来识别污染者是合规还是违规。上述准确性指标，特别是 K_{2s} 和 K_{2d}，也反映了这些阈值。因此，筛查技术只需要区分那些更严重的违规情况或具有强烈违规信号的案例（由于 K_{2s} 的要求放宽），而诊断技术必须正确判定大多数实际严重违规的污染者是违规的（K_{2d}）。这些结果可作为评估和选择筛查和诊断技术的指南。

总体而言，筛查系统总体上显示出明显优于诊断系统的效果，可以实现更高的环境合规率。

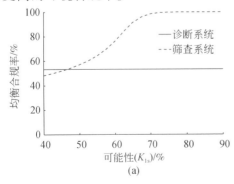

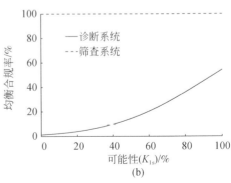

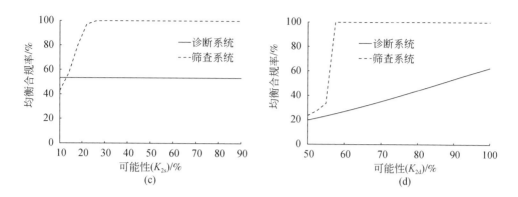

图 6.6　筛选和诊断系统中模型模拟的均衡合规率（$1-M^*$）与多个概率的关系

（a）筛查技术将合规案例识别为合规（K_{1s}），（b）诊断技术将合规案例识别为合规（K_{1d}），（c）筛查技术将不合规案例识别为不合规（K_{2s}），（d）诊断技术将不合规案例识别为不合规（K_{2d}）

五、筛查和诊断系统的韧性

为了在短时间内实现高度优先的目标，政府可能会为某些任务分配大量的人力、财力或政治资源。这些资源通常借调自其他机构或职能部门。例子包括打击犯罪的专项行动，特别是"严打"（Trevaskes，2010）、"反腐"（Wedeman，2005）和环境专项整治行动（Jahiel，1998；van Rooij，2006）。与环保行动相反，环境合规监测也可能面临资源短暂减少。如作者的实地考察中观察到的那样，当一个地区或者一项环境任务的监察人员被临时"借调"到另一个地区或者执行其他任务时，后者就变成了对前者的冲击。

专项行动可以在目标任务上取得快速进展。然而，当"借用"的资源被撤回时，这种形式的合规监测和执法往往无法实现可持续的合规状态。一个只有短期效果的环境执法行动例子是 1997 年为解决淮河水污染危机，关闭了大约5000 家小型污染工厂。该行动在短期内取得了显著进展，大大减少了污染物的排放，使水质更清洁（Bai and Shi，2006；Liu，1998）。然而，专项整治工作结束后污染迅速反弹，环境违规又成了普遍状态（Bai and Shi，2006）。

本研究构建的环境合规监测模型可以帮助理解在诊断系统中环境合规监测短期整治和冲击的影响。诊断系统没有"记忆"，其在给定时间内的合规率直接对应立即可用的环境合规监测资源（图6.3）。相比之下，筛查系统具有"记忆"功能，这一特征表明，短期环保专项行动可以被更具策略性地用于建立合规监测的筛查系统，并实现可持续的高合规率。如图6.3所示，尽管环保专项行动前后的合规监测资源保持在同一水平，但均衡合规率将从低水平提升到高水平。合规率的演变可以用合规监测模型来解释。在环境专项整治行动开始之前，普遍存在的违规情况表明，绝大多数合规监测资源应该用于诊断，以确认并处罚违规污染者。一小部分资源将足以筛查出足够数目的违规高风险案例进行成本相对高的诊断。专项整治行动使得违规污染者被发现的概率增加，从而导致更高的合规率。在接下来的时间中，少量污染源被筛选到高风险组，只需要较少的资源进行诊断。此外，模拟还表明，如果转为筛查系统，即使减少环境监察人员的数量仍可保持较高的合规率。

环境合规监测执法冲击与专项整治行动的影响相反。环境监察人员的暂时短缺可能会使高均衡合规率回到低水平（图6.3）。正如模型构建中所解释的，筛查系统中某个时间步长的合规率仅受前一个时间步长情况的影响。这种"记忆"的短暂性导致筛查系统在面对环境合规监测冲击时的韧性不足。

如果较久之前的合规率会影响当前时间步长的合规决策，那么合规监测的筛查系统将变得更具韧性。这种更长的"记忆"表明，环境专项整治行动应该持续更长时间才能将合规率提高到更高的均衡水平，而暂时的执法冲击的破坏性也较小，之后合规率更有可能迅速反弹。

临时增加环境监察人员的环境专项整治行动或临时减少监察人员的冲击可能破坏筛查系统中的均衡合规率并产生长期影响。而对诊断系统的影响将是短暂的，如上述淮河经验案例所示。环境专项整治行动可能特别用于将系统从可能的违规陷阱中拉出来。如果系统的记忆时间更长，即污染者目前的合规率直接由过去多个时期的状态决定，那么筛查系统将表现出更强的不受短期影响的能力。

参 考 文 献

Arguedas, C. 2008. To comply or not to comply? Pollution standard setting under costly monitoring and sanctioning. *Environmental & Resource Economics*, 41, 155-168.

Bai, X. & Shi, P. 2006. Pollution control: In China's Huai river basin: What lessons for sustainability? *Environment*: *Science and Policy for Sustainable Development*, 48, 22-38.

Becker, G. S. 1968. Crime and punishment-economic approach. *Journal of Political Economy*, 76, 169-217.

Blackman, A. & Harrington, W. 2000. The use of economic incentives in developing countries: Lessons From international experience with industrial air pollution. *The Journal of Environment Development*, 9, 5-44.

Bonita, R., Beaglehole, R. & Kjellström, T. 2006. *Basic epidemiology*. Washington, DC: WHO.

Cao, D., Yang, J. & Ge, C. 1999. SO$_2$ charge and tax policies in China: Experiment and reform. *In*: *Environmental taxes*: *Recent developments in China and OECD countries*. Paris, France: OECD.

Chenery, H. B. 1961. Comparative advantage and development policy. *American Economic Review*, 51, 18-51.

Cohen, M. A. 1999. Monitoring and enforcement of environmental policy. *In*: Folmer, H. & Tietenberg, T. (eds.) *The international yearbook of environmental and resource economics 1999/2000*. Cheltenham: Edward Elgar Publishing Limited.

Dasgupta, S., Wang, H. & Wheeler, D. 1997. *Surviving success*: *Policy reform and the future of industrial pollution in China*. World Bank Policy Research Working Paper 1856. Washington, DC: World Bank Group.

The Economic & Trade Commission of Jiangsu Province. 2009. *Quarterly thermal efficiencies of electricity generation units*. Nanjing, China.

EPA. 2003. *Air pollution control technology fact sheet-flue gas desulfurization*. EPA-452/F-03-034. Washington, DC: EPA.

EPA & DOE. 2010. *Electric power annual 2008*. Washington, DC: EPA.

European Commission. 2012. *The monitoring and reporting regulation-general guidance for installations* [Online]. Available: https://ec.europa.eu/clima/sites/clima/files/ets/monitoring/docs/gd1_guidance_installations_en.pdf.

Glaeser, E. L. 1999. *An overview of crime and punishment*. Cambridge, MA: Harvard University and NBER.

Gray, W. B. & Deily, M. E. 1996. Compliance and enforcement: Air pollution regulation in the US steel industry. *Journal of Environmental Economics and Management*, 31, 96-111.

Guo, M. Y., Xu, Y. & Chen, Y. Q. D. 2014. Fracking and pollution: Can China rescue its environment in time? *Environmental Science & Technology*, 48, 891-892.

Heindl, P. 2012. *Transaction costs and tradable permits*: *Empirical evidence from the EU emissions trading scheme*. ZEW Discussion Paper No. 12-021 [Online]. Available: https://www.

econstor. eu/handle/10419/56029.

Helland, E. 1998. The enforcement of pollution control laws: Inspections, violations, and self-reporting. *Review of Economics and Statistics*, 80, 141-153.

Henan Department of Environmental Protection. 2010. *Information on the collection of SO₂ effluent discharge fee from province-regulated coal-fired power plants in the first quarter of 2010*. Zhengzhou, China: Henan Department of Environmental Protection.

Henan Development and Reform Commission & Henan Environmental Protection Bureau. 2007. *A notice to transfer NDRC and SEPA's policy: Management measures on desulfurized electricity price and the operation of desulfurization facilities of coal-fired power generators (on trial)*. Zhengzhou, China: NDRC and SEPA.

IEA. 2009. *Cleaner coal in China*. Paris, France: IEA.

Jahiel, A. R. 1998. The organization of environmental protection in China. *The China Quarterly*, 156, 757-787.

Jiangsu Department of Environmental Protection. 2007-2009. *Monthly report on the operation of SO₂ scrubbers at coal-fired power plants*. Nanjing, China: Jiangsu Department of Environmental Protection.

Jiangsu Department of Environmental Protection. 2008. *On strengthening the collection of effluent discharge fee from coal-fired power plants*. Nanjing, China: Jiangsu Department of Environmental Protection.

Jin, Y. N., Andersson, H. & Zhang, S. Q. 2016. Air pollution control policies in China: A retrospective and prospects. *International Journal of Environmental Research and Public Health*, 13.

Kay, S., Zhao, B. & Sui, D. 2015. Can social media clear the air? A case study of the air pollution problem in Chinese cities. *Professional Geographer*, 67, 351-363.

Kitchin, R. 2014. *The data revolution*. Thousand Oaks, CA: Sage Publications.

Konrad, K. A., Lohse, T. & Qari, S. 2017. Compliance with endogenous audit probabilities. *Scandinavian Journal of Economics*, 119, 821-850.

Kruger, J. & Egenhofer, C. 2006. Confidence through compliance in emissions trading markets. *Sustainable Development Law & Policy*, 6, 2-13, 63-64.

Levitt, S. D. 2004. Understanding why crime fell in the 1990s: Four factors that explain the decline and six that do not. *Journal of Economic Perspectives*, 18, 163-190.

Li, C., Zhang, Q., Krotkov, N. A., Streets, D. G., He, K. B., Tsay, S. C. & Gleason, J. F. 2010. Recent large reduction in sulfur dioxide emissions from Chinese power plants observed by the ozone monitoring instrument. *Geophysical Research Letters*, 37.

Lin, J. Y., Cai, F. & Li, Z. 2003. *The China miracle: Development strategy and economic reform.* Sha Tin: Published for the Hong Kong Centre for Economic Research and the International Center for Economic Growth by the Chinese University Press.

Liu, H. 1998. An overview of water pollution prevention and control in the Huai River valley. *Enviornmental Management in China*, 5-8.

Liu, Z., Guan, D. B., Wei, W., Davis, S. J., Ciais, P., Bai, J., Peng, S. S., Zhang, Q., Hubacek, K., Marland, G., Andres, R. J., Crawford-Brown, D., Lin, J. T., Zhao, H. Y., Hong, C. P., Boden, T. A., Feng, K. S., Peters, G. P., Xi, F. M., Liu, J. G., Li, Y., Zhao, Y., Zeng, N. & He, K. B. 2015. Reduced carbon emission estimates from fossil fuel combustion and cement production in China. *Nature*, 524, 335.

Lu, X., Dudek, D. J., Qin, H., Zhang, J., Lin, H., Yang, Z. & Wang, Y. 2006. Survey on the capacity of environmental administrative enforcement in China. *Research of Environmental Sciences*, 19, 1-11.

Lu, Z., Streets, D. G., Zhang, Q., Wang, S., Carmichael, G. R., Cheng, Y. F., Wei, C., Chin, M., Diehl, T. & Tan, Q. 2010. Sulfur dioxide emissions in China and sulfur trends in East Asia since 2000. *Atmospheric Chemistry and Physics*, 10, 6311-6331.

Lu, Z., Zhang, Q. & Streets, D. G. 2011. Sulfur dioxide and primary carbonaceous aerosol emissions in China and India, 1996-2010. *Atmospheric Chemistry and Physics*, 11, 9839-9864.

McAllister, L. K., VanRooij, B. & Kagan, R. A. 2010. Reorienting regulation: Pollution enforcement in industrializing countries. *Law & Policy*, 32, 1-13.

MEP. 2013. *The 12th five-year plan on capacity building of environmental regulations.* Beijing, China: MEP.

MEP & AQSIQ. 2011. *Emission standard of air pollutants for thermal power plants.* Beijing, China: MEP, AQSIQ.

MEP & NDRC. 2008. *Announcement on punishing coal-fired power plants with abnormal operation of SO₂ scrubbers in 2007.* Beijing, China: MEP, NDRC.

Ministry of Ecology and Environment. 2018. *The comprehensive implementation of 'double randomnesses, one publicization' for environmental inspection.* Beijing, China: Ministry of Ecology and Environment.

Ministry of Environmental Protection. 2002-2016. *Annual statistical report on the environment in China.* Beijing, China: Ministry of Environmental Protection.

Ministry of Environmental Protection. 2006-2009. *Annual statistical report on the environment in China.* Beijing, China: Ministry of Environmental Protection.

Ministry of Environmental Protection. 2008. *Statement to penalize coal-fired power plants for the* abnormal operation of their SO$_2$ scrubbers in 2007. Beijing, China: Ministry of Environmental Protection.

Ministry of Environmental Protection. 2009a. *2008 assessment report on provincial major pollutant emissions*. Beijing, China: Ministry of Environmental Protection.

Ministry of Environmental Protection. 2009b. *Information on the mitigation of major pollutants in 2008*. Beijing, China: Ministry of Environmental Protection.

Ministry of Environmental Protection. 2009c. *Statement to penalize five coal-fired power plants for the abnormal operation of their SO$_2$ scrubbers in 2008*. Beijing, China: Ministry of Environmental Protection.

Ministry of Environmental Protection. 2010a. *China's capacities of water treatment plants and SO$_2$ scrubbers at coal-fired power plants*. Beijing, China: Ministry of Environmental Protection.

Ministry of Environmental Protection. 2010b. *Guideline on best available technologies of pollution prevention and control for coal-fired power plant industry (on trial)*. Beijing, China: Ministry of Environmental Protection.

Ministry of Environmental Protection. 2016a. *Comprehensive plan on ecological and environmental big data construction*. Beijing, China: Ministry of Environmental Protection.

Ministry of Environmental Protection. 2016b. *final accounts of ministry of environmental protection*. Beijing, China: Ministry of Environmental Protection.

Ministry of Environmental Protection, National Statistics Bureau & Ministry of Agriculture. 2010. *Public report on the first national census of polluting sources*. Beijing, China: Ministry of Environmental Protection.

National Bureau of Statistics. 2008. *China energy statistical yearbook*. Beijing, China: China Statistics Press.

NDRC. 2004. *Technical code for designing flue gas desulfurization plants of fossil fuel power plants*. DL/T5196-2004. Beijing, China: NDRC.

NDRC & SEPA. 2007a. *The 11th five-year plan on SO$_2$ control in existing coal-fired power plants*. Beijing, China: State Environmental Protection Administration, NDRC.

NDRC & SEPA. 2007b. *Management measures on desulfurized electricity price permium and the operation of desulfurization facilities in coal-fired power generators (on trial)*. Beijing, China: State Environmental Protection Administration, NDRC.

OECD. 2006. *Environmental compliance and enforcement in China-an assessment of current practices and ways forward*. Paris, France: OECD.

Ohlin, B. 1967. *Interregional and international trade*. Cambridge, MA: Harvard University Press.

Osterman, G., Eldering, A., Avis, C., Chafin, B., O'Dell, C., Frankenberg, C., Fisher, B., Mandrake, L., Wunch, D., Granat, R. & Crisp, D. 2018. *Orbiting carbon observatory-2 (OCO-2) data product user's guide, operational L1 and L2 data versions 8 and lite file version 9.* Pasadena, CA: Jet Propulsion Laboratory, California Institute of Technology.

Pan, L., Wang, Z. & Wang, Z. 2005. Present status and countermeasure suggestion for thermal power plants CEMS in China. *Research of Environmental Sciences*, 18, 42-45.

Polinsky, A. M. & Shavell, S. 2000. The economic theory of public enforcement of law. *Journal of Economic Literature*, 38, 45-76.

Raufer, R. & Li, S. Y. 2009. Emissions trading in China: A conceptual 'leapfrog' approach? *Energy*, 34, 904-912.

Ricardo, D. 1817. *On the principles of political economy and taxation.* London: J. Murray.

Russell, C. S. & Vaughan, W. J. 2003. The choice of pollution control policy instruments in developing countries: Arguments, evidence and suggestions. *In*: Folmer, H. & Tietenberg, T. (eds.) *International yearbook of environmental and resource economics.* Cheltenham: Edward Elgar.

SEPA. 2006. *Guidelines on calculating SO_2 emission quotas.* Beijing, China: State Environmental Protection Administration.

SEPA. 2007. *Verification of major pollutants emission reduction in the 11th five-year period (on trial).* Beijing, China: State Environmental Protection Administration.

SERC. 2009. *New credit to CEMSs at SO_2 scrubbers in Jiangsu province.* Nanjing, China: SERC.

SERC, NDRC, National Energy Bureau & MEP. 2009. *Report on electric industry's energy conservation and pollutant mitigation in 2008.* Beijing, China: SERC, NDRC, MEP.

Shimshack, J. P. 2014. The economics of environmental monitoring and enforcement. *Annual Review of Resource Economics*, 6, 339-360.

Snyder, E. G., Watkins, T. H., Solomon, P. A., Thoma, E. D., Williams, R. W., Hagler, G. S. W., Shelow, D., Hindin, D. A., Kilaru, V. J. & Preuss, P. W. 2013. The changing paradigm of air pollution monitoring. *Environmental Science & Technology*, 47, 11369-11377.

State Commission Office for Public Sector Reform. 2018. *Regulations on the authorities, organization and personnel of the ministry of ecology and environment.* Beijing, China: State Commission Office.

State Council. 2007a. *Notice on distributing composite working plan on energy conservation and pollutant emission reduction.* Beijing, China: State Council.

State Council. 2007b. *Notice on distributing implementation plans and methods of statistics, monitoring and assessment on energy conservation and pollutant emission reduction.* Beijing, China: State Council.

State Council. 2015. *Action outline for promoting big data development.* Beijing, China: State Council.

State Council. 2019. Advice on the comprehensive implementation of joint 'doublerandomnesses, one publicization'. *In*: *Market regulation*. Beijing, China: State Council.

State Development Planning Commission, Ministry of Finance, SEPA & State Economic and Trade Commission. 2003. *Measures for the administration of the charging rates for pollutant discharge fees*. Decree No. 31 [Online]. Available: http://www.lawinfochina.com/display.aspx? id = 2705&lib = law&EncodingName = big5.

State Electricity Regulation Commission (Nanjing Office). 2009. *Information on the operation of SO_2 scrubbers in coal-fired power plants in Jiangsu Province*. Nanjing, China: SERC.

State Environmental Protection Administration & General Administration of Quality Supervision Inspection and Quarantine. 2003. *Emission standard of air pollutants for thermal power plants*. GB 13223-2003. Beijing, China: State Environmental Protection Administration.

Steinfeld, E. S., Lester, R. K. & Cunningham, E. A. 2009. Greener plants, grayer skies? A report from the front lines of China's energy sector. *Energy Policy*, 37, 1809-1824.

Stevens, M. & Ochab, B. 2010. Participatory noise pollution monitoring using mobile phones. *Information Polity*: *The International Journal of Government & Democracy in the Information Age*, 15, 51-71.

Stranlund, J. K. & Chavez, C. A. 2000. Effective enforcement of a transferable emissions permit system with a self-reporting requirement. *Journal of Regulatory Economics*, 18, 113-131.

Streets, D. G., Canty, T., Carmichael, G. R., De Foy, B., Dickerson, R. R., Duncan, B. N., Edwards, D. P., Haynes, J. A., Henze, D. K., Houyoux, M. R., Jacobi, D. J., Krotkov, N. A., Lamsal, L. N., Liu, Y., Lu, Z. F., Martini, R. V., Pfister, G. G., Pinder, R. W., Salawitch, R. J. & Wechti, K. J. 2013. Emissions estimation from satellite retrievals: A review of current capability. *Atmospheric Environment*, 77, 1011-1042.

Trevaskes, S. 2010. *Policing serious crime in China*: *From 'strike hard' to 'kill fewer'*. London and New York: Routledge.

Tsinghua University. 2010. *A study on the management system of environmental pollution data collection in China*. Beijing, China: Tsinghua University Press.

The U. S. Congress. 1990. *Clean air act amendments* 1990. Washington, DC: The U. S. Congress.

The U. S. EPA. 2007. *CEMS cost model*. Washington, DC [Online]. Available: www.epa.gov/ttn/emc/cem/cems.xls.

VanRooij, B. 2006. Implementation of Chinese environmental law: Regular enforcement and political campaigns. *Development and Change*, 37, 57-74.

Vossler, C. A. & Gilpatric, S. M. 2018. Endogenous audits, uncertainty, and taxpayer assistance services: Theory and experiments. *Journal of Public Economics*, 165, 217-229.

Wall, M. 2014. *NASA launches satellite to monitor carbon dioxide*, July 2 [Online]. Available: www. space. com/26403-nasa-oco2-carbon-dioxide-satellite-launch. html.

Wang, A. & Brauer, M. 2014. *Review of next generation air monitors for air pollution* [Online]. Available: https://www. semanticscholar. org/paper/Review-of-Next-Generation-Air-Monitors-for-Air-Wang-Brauer/ca660dbe9fa087b2bea4080064c251914155c177.

Wedeman, A. 2005. Anticorruption campaigns and the intensification of corruption in China. *Journal of Contemporary China*, 14, 93-116.

Wu, J. & Qian, Y. 2007. The construction of FGD at Beilun power plant on its 5×600 MW$_e$ units. *Electrical Equipment*, 8, 105-107.

Xu, Y. 2011a. Improvements in the operation of SO_2 scrubbers in China's coal-fired power plants. *Environmental Science & Technology*, 45, 380-385.

Xu, Y. 2011b. The use of a goal for SO_2 mitigation planning and management in China's 11th five-year plan. *Journal of Environmental Planning and Management*, 54, 769-783.

Zhang, Q., Streets, D. G., Carmichael, G. R., He, K. B., Huo, H., Kannari, A., Klimont, Z., Park, I. S., Reddy, S., Fu, J. S., Chen, D., Duan, L., Lei, Y., Wang, L. T. & Yao, Z. L. 2009. Asian emissions in 2006 for the NASA INTEX-B mission. *Atmospheric Chemistry and Physics*, 9, 5131-5153.

Zhang, Q., Streets, D. G., He, K., Wang, Y., Richter, A., Burrows, J. P., Uno, I., Jang, C. J., Chen, D., Yao, Z. & Lei, Y. 2007. NO_x emission trends for China, 1995-2004: The view from the ground and the view from space. *Journal of Geophysical Research-Atmospheres*, 112.

Zhejiang Bureau of Quality and Technical Supervision. 2007. *The quota & calculation method of coal consumption for generating station*. Hangzhou, China: Zhejiang Bureau of Quality and Technical Supervision.

本章附录
环境合规监测系统建模

一、关键参数

该模型的主要输出变量是污染者在合规监测下的合规率：M^t 是时间步长 t 结束时的违规率，而 $1-M^t$ 是相应的合规率。为了模拟合规率随时间的变化，该模型设计了时间步长。在每个时间步长中，首先进行包括合规监控和对违规行为处罚的环境执法活动。前一个时间步结束时的合规率可能会影响环境合规监测的后续绩效，即违规被发现的概率。假定这一概率是所有污染者都普遍知道的信息。根据预期的处罚和履约成本，污染者作出合规或者违规的决定，以便在当前时间步长结束时产生总体合规率。

如表 6.3 所示，模型有一系列输入参数，其值是外生给出的。它们分为几大类：①环境合规监测系统，包括初始违规率（M^0）、合规监测的总可用资源（R^t）和污染源的数量（N）；②污染物减排成本与违规处罚之间的比值 $\left(\dfrac{C}{P}\right)$ 及其分布（$\varPhi\ (\cdot)$）；③合规监测技术，包括监测一个污染源所需的资源（r）、一种技术将合规案例识别为合规的概率（K_1）和一种技术将违规案例识别为违规案例的概率（K_2）。筛查和诊断技术分别用下标 s 和 d 进一步区分。假设这四个参数（K_{1s}、K_{1d}、K_{2s} 和 K_{2d}）对于一种合规监测技术是给定的，并且不会随时间和案例而变化。合规监测技术和系统在识别违规时可能会犯两类错误（Polinsky and Shavell，2000；Bonita et al.，2006）。我们假设 H_0：污染者是合规排放的。Ⅰ类错误表示污染企业实际是合规的，但环境合规监测错误地将案件识别为违规，错误地对其进行处罚。Ⅱ类错误是指虽然污染者违规了，但系统错误地将其识别为合规的情况，违规污染者可以不受惩罚。这两类错误都降低了威慑效果，可能导致合规率降低。

二、诊断系统

在这个仅应用诊断技术的系统中，违规污染源受到正确惩罚的概率为 $\dfrac{R_\mathrm{d}^t}{r_\mathrm{d}} \times \dfrac{1}{N} \times K_\mathrm{2d}$，而合规污染源被错误惩罚的概率为 $\dfrac{R_\mathrm{d}^t}{r_\mathrm{d}} \times \dfrac{1}{N} \times (1-K_\mathrm{1d})$。污染者将在 $C+P \times \dfrac{R_\mathrm{d}^t}{r_\mathrm{d}} \times \dfrac{1}{N} \times (1-K_\mathrm{1d}) < P \times \dfrac{R_\mathrm{d}^t}{r_\mathrm{d}} \times \dfrac{1}{N} \times K_\mathrm{2d}$ 或 $\dfrac{C}{P} < \dfrac{R_\mathrm{d}^t}{r_\mathrm{d}} \times \dfrac{1}{N} \times (K_\mathrm{2d}+K_\mathrm{1d}-1)$ 时选择合规。因为所有资源都专用于诊断 $R^t = R_\mathrm{d}^t$，所以一个污染源违规可能会不止一次被诊断出来，而每次被发现违规时都可能受到处罚。与可用的合规监测资源相对应，违规率为

$$M^t = 1 - \Phi\left(\frac{R_\mathrm{d}^t}{r_\mathrm{d}} \times \frac{1}{N} \times (K_\mathrm{2d}+K_\mathrm{1d}-1) \right) \tag{附6.1}$$

因为 M^t 与 M^{t-1} 无关，当其他因素保持不变时，诊断系统下的违规率不会随时间而动态演变。

三、筛查系统

当资源不足时，一些污染源可能既不被筛查也不被诊断，而资源优化配置将确保所有被筛查出的高风险组污染源都得到诊断，从而不浪费任何可用资源。由于存在 Ⅰ 类和 Ⅱ 类错误，高风险组和低风险组都包含合规和违规的污染源。时间步长 t 中的高风险组包括违规污染源数 $\dfrac{R_\mathrm{s}^t}{r_\mathrm{s}} \times M^{t-1} \times K_\mathrm{2s}$ 以及合规的污染源数 $\dfrac{R_\mathrm{s}^t}{r_\mathrm{s}} \times (1-M^{t-1}) \times (1-K_\mathrm{1s})$。因此，高风险组的违规率为 $M_\mathrm{h}^t = \dfrac{M^{t-1} \times K_\mathrm{2s}}{M^{t-1} \times K_\mathrm{2s} + (1-M^{t-1}) \times (1-K_\mathrm{1s})}$。

低风险组包含所有剩余的污染源，既有筛查过的也有未筛查过的，$N - \dfrac{R_\mathrm{s}^t}{r_\mathrm{s}} \times$

$M^{t-1} \times K_{2s} - \dfrac{R_s^t}{r_s} \times （1-M^{t-1}） \times （1-K_{1s}）$ 或 $\left(N - \dfrac{R_s^t}{r_s}\right) + \dfrac{R_s^t}{r_s} \times M^{t-1} \times （1-K_{2s}） + \dfrac{R_s^t}{r_s} \times （1-$

$M^{t-1}） \times K_{1s}$。违规污染源数量为 $N \times M^{t-1} - \dfrac{R_s^t}{r_s} \times M^{t-1} \times K_{2s}$。那么低风险组的违规率

为 $M_l^t = \dfrac{N \times M^{t-1} - \dfrac{R_s^t}{r_s} \times M^{t-1} \times K_{2s}}{N - \dfrac{R_s^t}{r_s} \times M^{t-1} \times K_{2s} - \dfrac{R_s^t}{r_s} \times （1-M^{t-1}） \times （1-K_{1s}）}$。

经诊断，应当受到处罚的违规污染源数量为 $\dfrac{R_d^t}{r_d} \times M_h^t \times K_{2d}$。违规污染源受

到正确处罚的概率是 $\dfrac{\dfrac{R_d^t}{r_d} \times M_h^t \times K_{2d}}{N \times M^{t-1}} = \dfrac{R_d^t}{r_d} \times \dfrac{1}{N} \times \dfrac{M_h^t}{M^{t-1}} \times K_{2d}$。被错误处罚的合规污染源

数量为 $\dfrac{R_d^t}{r_d} \times （1-M_h^t） \times （1-K_{1d}）$，对应的概率为 $\dfrac{\dfrac{R_d^t}{r_d} \times （1-M_h^t） \times （1-K_{1d}）}{N \times （1-M^{t-1}）} = \dfrac{R_d^t}{r_d} \times$

$\dfrac{1}{N} \times \dfrac{1-M_h^t}{1-M^{t-1}} \times （1-K_{1d}）$。我们假设所有污染源都知道这两种概率，以便做出以

下合规或者违规的决策。

因此，预期的合规成本为 $C + P \times \dfrac{R_d^t}{r_d} \times \dfrac{1}{N} \times \dfrac{1-M_h^t}{1-M^{t-1}} \times （1-K_{1d}）$，而不合规的预期

惩罚为 $P \times \dfrac{R_d^t}{r_d} \times \dfrac{1}{N} \times \dfrac{M_h^t}{M^{t-1}} \times K_{2d}$。对于合规决定，前者应低于后者：$C + P \times \dfrac{R_d^t}{r_d} \times \dfrac{1}{N} \times$

$\dfrac{1-M_h^t}{1-M^{t-1}} \times （1 - K_{1d}） < P \times \dfrac{R_d^t}{r_d} \times \dfrac{1}{N} \times \dfrac{M_h^t}{M^{t-1}} \times K_{2d}$，或 $\dfrac{C}{P} < \dfrac{R_d^t}{r_d} \times \dfrac{1}{N} \times$

$\dfrac{K_{2s} \times K_{2d} - （1-K_{1s}） \times （1-K_{1d}）}{M^{t-1} \times K_{2s} + （1-M^{t-1}） \times （1-K_{1s}）}$。

R_{min}^t 进一步定义为需要的最低合规监测资源，刚好能筛选完所有污染源

（$R_a^t = N \times r_s$），而且高风险组中的所有污染源都得到诊断 $\left(R_d^t = \left(\dfrac{R_s^t}{r_s} \times M^{t-1} \times K_{2s} +\right.\right.$

$\left.\left.\dfrac{R_s^t}{r_s} \times （1-M^{t-1}） \times （1-K_{1s}）\right) \times r_d\right)$，所有资源都得到利用 $R^t = R_s^t + R_d^t$。因此，

$$R_{\min}^t = N \times \left(r_s + \left(M^{t-1} \times K_{2s} + (1-M^{t-1}) \times (1-K_{1s}) \right) \times r_d \right)。$$

当 $R^t \leqslant R_{\min}^t$，$R_d^t = \dfrac{R^t}{\dfrac{1}{\dfrac{r_d}{r_s} \times \left(M^{t-1} \times K_{2s} + (1-M^{t-1}) \times (1-K_{1s}) \right)} + 1}$。合规决策

的条件为 $\dfrac{C}{P} < \dfrac{R^t}{N} \times \dfrac{K_{2s} \times K_{2d} - (1-K_{1s}) \times (1-K_{1d})}{\left(r_s + \left(M^{t-1} \times K_{2s} + (1-M^{t-1}) \times (1-K_{1s}) \right) \times r_d \right)}$。

比 $R_{\min}^t$ 更多的合规监测资源将专门用于诊断高风险组中的污染源。这些污染源可以被诊断和处罚一次或多次。在这种情况下，$R_d^t = R^t - R_s^t = R^t - N \times r_s$。

对应于可用的合规监测资源，时间步长 t 结束时的违规率是

$$M^t = 1 - \Phi\left(\frac{R^t}{N} \times \frac{K_{2s} \times K_{2d} - (1-K_{1s}) \times (1-K_{1d})}{r_s + (M^{t-1} \times K_{2s} + (1-M^{t-1}) \times (1-K_{1s})) \times r_d} \right), \quad R^t \leqslant R_{\min}^t$$

（附6.2）

$$M^t = 1 - \Phi\left(\frac{R^t - N \times r_s}{N \times r_d} \times \frac{K_{2s} \times K_{2d} - (1-K_{1s}) \times (1-K_{1d})}{M^{t-1} \times K_{2s} + (1-M^{t-1}) \times (1-K_{1s})} \right), \quad R^t > R_{\min}^t \quad （附6.3）$$

如果时间步长 $t-1$ 结束时的违规率（M^{t-1}）较高，或者筛查和诊断一个污染源需要的资源量更大（r_s，r_d），$R_{\min}^t$ 将会升高。给定政策监管下的污染物总排放量，若单个污染源平均规模较小将导致污染源数目（N）更多，从而需要更多的合规监测资源。因为违规率（M^t）会随时间而变化，$R_{\min}^t$ 也会相应变化。

对于单个污染源而言，更准确的合规监测技术（K_{1s}，K_{1d}，K_{2s}，$K_{2d} \to 1$）和更低的成本（r_s，$r_d \to 0$）往往会带来更高的合规率。许多因素可能影响单个污染源平均可用的合规监测资源 $\left(\dfrac{R^t}{N} \right)$。合规监测可以有两个方面的规模效应。第一，较大的污染源可能导致内部规模效应，因为所需的合规监测资源与污染源的数量更相关而非污染物的总排放量。更多的合规监测资源、更大的污染源和更少的总排放量将提高资源可用性指标。即使采用筛查系统或其他有效的合规监测策略，如果没有足够的合规监测资源，也无法将违规行为被查获的可能性提升到足够高的水平。第二，空间上聚集的污染源可以提供外部规模效应。这些污染源在合规监测时可以被等效地捆绑在一起，从而降低单个污染源的合规监测成本。

与其所需的特征相对应，筛查技术的准确性较低，但成本比诊断技术低。它们须取长补短，以适应预期的互补角色。如果一种技术和另一种技术相比成本低且精度高，那么后一种技术将完全被前一种技术所取代。

四、中国实证案例中的输入参数

为了实证说明和分析模型，输入参数将采用中国的实际经验值。当前情景和参数范围是根据中国当前情况下的最佳可用经验数据定义的。表6.3给出了简要总结，而本小节提供更详细的解释。

合规监测的可用资源（R^t）是此模型关注的关键输入参数。为简单起见，合规监测资源（R^t）以及筛查和诊断技术的成本（r_s和r_d）计为环境监察人员的数量。中国一直在扩充环境监察的队伍。资源可用性尽管仍然受到限制，但不会陷入匮乏的境地。从2001年到2015年，环境监察人员从37 934人增加到66 379人（Ministry of Environmental Protection，2002–2016）。更重要的是，随着2008年环境保护部全面建立区域督察中心/督察局，中央的环境监察能力显著增强，从2008年占四级监察人员总数的0.07%（41人），大幅提升到2009年的0.48%（294名员工）再升至2015年的0.82%（542人）（Ministry of Environmental Protection，2002–2016）。六个区域监督局在其管辖范围内共有240名监察员负责监督监察任务（State Commission Office for Public Sector Reform，2018）。并非所有现场检查和实施处罚工作都由环境监察员进行，还有一些人员从事办公室等辅助工作。2017年，中国有46 800名环境监察员进入"双随机、一公开"数据库（Ministry of Ecology and Environment，2018）。2015年的公开数据显示，约70.5%的环境监察系统人员可以进行环境监察执法。经验模型模拟采用该占比来检验资源可用性对环境合规率的影响。因此，按照最近可获得数据，当前情景有66 379名环境监察人员，即46 800名环境监察员。如果未指定，该数字将随着时间的推移保持不变。

污染源（N）的数量已在第3.2节中简要描述。当前情景是在"双随机、一公开"计划下，2017年将809 500个污染源作为合规监测目标。

污染物减排成本和对违规行为的相关处罚因部门、技术和违规严重程度而异。合规成本与违规处罚之间的比值 $\left(\dfrac{C}{P}\right)$ 是此合规监测模型中的关键变量。2007 年，为了解决环境政策长期执行不力的问题，国家不仅对正常运行脱硫设施的燃煤电厂进行补贴，更重要的是对违规处以补贴的五倍罚款（Xu，2011a；NDRC and SEPA，2007b）。然而，在处理潜在的水污染和取水违规问题时，处罚力度不及污染减排成本（Guo et al.，2014）。在当前情景下，合规成本/违规处罚比值假定为 2/3。此外，由于规模效应、煤炭的含硫量以及污染减排设施是改造还是与主要生产设施一起建造等因素差异，各企业的污染减排成本并不相同。在编制中国的二氧化硫排放清单时，Lu 等（2011）假设含硫量呈正态分布。由于含硫量对二氧化硫减排成本的关键影响，当前情景是假设合规成本/违规处罚比 $\left(\dfrac{C}{P}\right)$ 在污染源中具有正态分布（$\varPhi$（·））特征。

筛查和诊断技术的成本计算为单次环境合规监测（筛查或诊断）需要占用环境监察员的时间和人数（人年，分别记为 r_s 和 r_d）。中国全面建立了环保和其他事务的"双随机、一公开"的工作办法（State Council，2019）。对于环境监测，该办法在 2017 年已经确立（Ministry of Ecology and Environment，2018）。沿用这种方法下，排污企业和环境监察员都将从数据库中随机抽取（"双随机"），同时将信息向公众公布（"一公开"）。2017 年，数据库纳入了 80.95 万家污染企业和 4.68 万名环境监察员，进行了 63.26 万次环境现场检查和合规监测（Ministry of Ecology and Environment，2018）。因此，2017 年平均一名监察员进行了 27 次合规监测。根据作者早期在中国的实地考察（Guo et al.，2014；Xu，2011a），一次现场检查通常需要两名监察员。因此，环境现场检查即诊断技术的人员成本（r_d）为每次 0.074 人/a。它在模型的当前情景中被采用。

不同的筛查和诊断技术具有不同的成本结构。例如，一颗先进的卫星具有非常高的初始成本，但其监测单个像素的边际成本可以忽略不计。例如，美国航空航天局发射的轨道碳观测卫星 OCO-2 的成本为 4.65 亿美元，但其每天对二氧化碳柱浓度的测量超过 10 万次（Osterman et al.，2018）。如果既不考虑卫星增加单位成本的运行和维护费用，也不考虑降低单位成本的预期更长的使用寿命，自 2014 年 7 月投入使用以来其平均每次测量的成本仅为 2–3 美元。根据作者在中国燃煤电厂的实地调研，连续排放监测系统在 2010 年前后的成本约为 50 万元/套，预期寿命为 5–10a。中国一直在发布连续排放监测系统对主要污染源的逐小时监测数据，对于每个公布的数据点其单位成本平均为 1–2 美元。筛查通常需要多次观测。OCO-2 具有 16 天的地面轨道重复周期，每年对单个像素进行约 23 次重复观测，成本约为 50 美元/a。中国的连续排放监测系统每年可提供逐小时观测超过 8000 次，每年的成本为 5 万–10 万元人民币。因此，假定一个污染源的筛查技术平均成本在每年几百美元之间。相比之下，环境监察员的合规监测初始成本更低，但操作成本更高。例如，2015 年中央一级有 542 名环保监察人员（图 3.1），总成本为 6350 万元人民币［或 11.7 万元/（人·a）］（Ministry of Environmental Protection, 2016b）。因此，一次合规监测的平均费用约为 0.074（人/a）/70.5% 11.7 万元/（人/a），或 1.23 万元。在当前情景下，假设筛查技术（r_s）的单位成本比诊断技术低一个数量级，或者相当于单次单个污染源的筛查成本为 0.0074 人/a。

一种技术的合规监测准确性很难准确衡量，因为只有观察到的合规和违规数据可用，而没有绝对真实的数据。此外，合规和违规的二分法并不能衡量违规的严重程度，更严重的情况由于其信噪比更强，往往更容易发现。从理论上讲，只有当高风险组的违规率高于低风险组时，筛查策略才会起作用。这两组之间的违规率差距越大，筛查策略就越有效。当前情景假设 K_{1s}、K_{1d}、K_{2s} 和 K_{2d} 分别为 90%、99%、70% 和 90%。

第七章 | 环境技术与产业[①]

第一节　以目标为中心的二氧化硫减排路径

　　除了其他关键措施，污染物减排通常涉及为去除或降低二氧化硫、氮氧化物、颗粒物、汞和二氧化碳的排放而安装在燃煤发电厂中的设施，或者通过使用可再生能源特别是风力和太阳能发电等减少煤炭消耗。两个主要因素决定了一个国家利用这些设施治理污染的速度。首先，必须有对设施快速部署和正常运行的强烈需求，正如第五章和第六章所详细讨论的那样。其次，还需要建立足够的供应能力来满足需求。发展中国家有后发优势，可以利用发达国家的供应能力满足自身需求。然而，由于中国的庞大规模，世界其他地区可能无法满足其巨大的需求。如果供应能力有限而需求大大增加，可能导致污染控制设施的国际价格急剧上涨，或将阻碍设施的建设和使用，并减慢污染物减排的进程。中国的快速减排在很大程度上依赖于国内相关产业的迅速建立。

　　中国脱硫产业起点很低，但在过去二十年中取得了长足进展。20 世纪 90 年代后期，中国国内几乎没有脱硫公司，也没有任何实现商业化的自主脱硫技术，全国的有限市场由外国公司和外国技术主导。十年后，大量国内公司进入市场以满足对脱硫设施的巨大需求，随之产生的竞争甚至推动了价格的

---

　　① 本章部分内容基于作者已发表的文章：Xu, Y. 2011. China's functioning market for sulfur dioxide scrubbing technologies. Environmental Science & Technology, 45, 9161-9167. Copyright（2011）American Chemical Society；and Xu, Y. 2013. Comparative advantage strategy for rapid pollution mitigation in China. Environmental Science & Technology, 47, 9596-9603. Copyright（2013）American Chemical Society。其中大部分内容已修订和扩展。

大幅降低。

以目标为中心和基于规则的治理之间存在巨大差异，这也体现在中国和美国为达到二氧化硫的高去除率在实现燃煤电厂脱硫设施的广泛部署及其正常运行两方面取得进展的路径上（图7.1）。基于规则治理的要求，脱硫设施在美国从安装开始就基本实现了正常运行，脱硫进展主要通过增加脱硫设施的容量实现。相比之下，中国许多脱硫设施在大规模部署初期并未正常运行，其后的二氧化硫减排进展从继续部署脱硫设施和推动正常运行两个维度同时展开，直至达到脱硫设施二氧化硫去除率的技术限制。因此，对脱硫设施的质量要求在中国市场最初较低，后来才变得越来越高，而在美国市场，质量从一开始就要求很高。

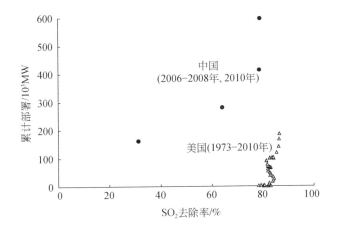

图7.1　中美脱硫设施部署和运行进展的路径（Lefohn et al., 1999；Xu, 2011b；Ministry of Environmental Protection, 2011b；Ministry of Environmental Protection, 2008-2012；EIA 1986-2006, 2007-2011；Xu, 2013）

在以目标为中心的治理和中国的特定国情下，早期阶段脱硫设施较少且政策实施不力，如果重点是进一步部署而不是等待运行改善，将实现更多的二氧化硫减排。随着越来越多的脱硫设施安装，加之运行的逐渐改善会促使二氧化硫排放量进一步减少。以实现二氧化硫减排目标为基准，中央和地方政府的理性选择可以解释中国的减排路径，其初步举措主要是部署更多的脱硫设施，后续再抓运行水平和二氧化硫去除率。

实施有关脱硫设施部署和正常运行的策略需要不同数量的资源来进行合

规监测。一方面，对脱硫设施是否安装的合规监测非常简单，其巨大的尺寸（例如，吸收塔通常直径几米，高数十米）使它们很容易被看到。逐一检查的程序表明，无论部署多少，每个脱硫设施的相应合规监测成本没有太大差异。另一方面，对安装的合规监测只是一次性事件，对日常运行的合规监测则需要投入更多的资源。一个运作良好的环境合规监测系统具有很高的初始建设成本。因为燃煤电厂需要负责安装自己的连续排放监测系统，所以监测其脱硫设施的边际成本中很大一部分由燃煤电厂承担。对于环境执法者而言，合规监测具有很大的规模效应，需要政府投入的脱硫设施边际合规监测成本很小。

对脱硫设施安装和正常运行的阻力也不同。脱硫设施正常的运行和维护（O&M）成本明显高于年化投资成本，特别是对于质量不好的脱硫设施而言就更是如此（Xu，2011b）。两个数据来源报告了随着国内脱硫设施市场的扩大，其投资成本反而大幅降低（图7.2）。2006年2月至8月，中国环境保护产业协会对2005年底已投运或正在建设的脱硫设施项目进行了调查（Xu et al.，2006）。总容量为83.85GW的113个项目（223个燃煤机组）应用了石灰石–石膏湿法脱硫技术，并公布了成本信息，而使用其他技术的数据不全，不能用来分析其成本随时间的变化。这些湿法脱硫设施或在2002年至2008年间投入使用。它们的预期运行时间可以部分反映合同的签署时间，从而反映当时的市场情况。此外，作者的实地调研也为交叉核对上述调查数据提供了一个独立的数据源，并给出了最近的成本变化情况。美国的数据来自美国能源信息署（EIA，2012–2013）。

质量对脱硫设施的投资成本有很大影响。例如，香港两座燃煤电厂的脱硫设施是与内地公司签订的，其单位投资成本是内地类似项目的三到四倍，尽管仅为美国成本的一半左右。香港的脱硫设施需要高质量的设备、设计和施工，以及足够的系统冗余度，从合同签订到完成安装所需大约内地两倍的时间。除了较高的劳动力成本外，香港比内地价格高的部分可主要解释为质量溢价。

考虑到中国市场投资成本的降低（图7.2），对于安装脱硫设施的阻力会随着脱硫设施部署量的持续增加而减弱。由于存在必要的电力、石灰石和水消耗，单个脱硫设施的运营和维护成本并不会随着投资成本降低而大幅变化

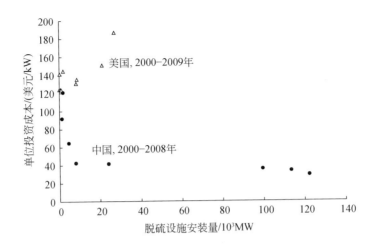

图 7.2　中美脱硫设施的年平均单位投资成本（Xu et al., 2006；EIA, 2012–2013；

Ministry of Environmental Protection, 2008–2012；Xu, 2013）

中国平均单位投资成本是针对石灰石–石膏湿法脱硫设施。货币换算采用年平均汇率。

这里展示了从 2000 年到安装峰值年的数据

（表 6.1）。更多的脱硫设施带来更高的整体运维成本，这增加了整体的阻力。然而，在没有正常运行的情况下，安装脱硫设施会浪费资源，并且与环境政策的要求相冲突。来自社会以及政府内部的政治推动力会随着脱硫设施的增多和非正常运行问题的日益凸显而增加。因此，在部署的早期阶段，对现有脱硫设施正常运行的总体净阻力可能会增加，然后在更多脱硫设施到位时被要求正常运行的推力所抵消。

　　鉴于中国当时在实施环境政策方面的困难，对脱硫设施的质量要求也是一个逐渐演化的过程，其对应的实现二氧化硫减排目标的路径也可以有一个理论上的合理解释。中国政府可以向两个方向努力来减排污染物，要么部署更多的减排设施，要么提高现有设施的运行效率。目标是在每一步最大限度地提升对减排的正向作用。在部署了一定数量的脱硫设施后，反对再继续安装更多脱硫设施以及反对将运行效率提高 1% 的净阻力大致可以认为各自不变。因此，可以着力将部署率提高 α（对脱硫设施而言，其单位是兆瓦）或将现有设施的二氧化硫去除率提高 $\beta\%$（百分点）。最初部署的设施总容量为 A，初始二氧化硫去除率为 $B\%$。那么设施的初始二氧化硫减排量大致与 $A \times$

$B\%$ 成正比。二氧化硫去除率有一个技术上限 $B^*\%$。

政府将继续推进部署脱硫设施，从而将二氧化硫减排量提高到 $(A+\alpha)\times B\%$，提升二氧化硫去除率将产生 $A\times(B\%+\beta\%)$ 的效果。如果没有其他约束条件，理性的决策者为了最大限度地发挥影响，会在 $(A+\alpha)\times B\% > A\times(B\%+\beta\%)$ 或者 $\dfrac{A+\alpha}{A} > \dfrac{B\%+\beta\%}{B\%}$ 即 $\dfrac{\alpha}{A} > \dfrac{\beta\%}{B\%}$ 时选择第一个方案。第二个方案将在 $\dfrac{\alpha}{A} < \dfrac{\beta\%}{B\%}$ 时被采用，而当 $\dfrac{\alpha}{A} = \dfrac{\beta\%}{B\%}$ 时两个方案没有区别。随着脱硫设施装机容量和运行效率的推进，在这两个方案之间的选择可能会发生变化。这就是以目标为中心的治理所体现的，重点不是减排过程而是结果。如果添加一个约束条件，即应该优先保证政策得到严格执行，则应首先保障脱硫设施的正常运行。也就是说，当 $B\%$ 接近 $B^*\%$ 时，才会允许部署更多的设施。这可以被视为基于规则的治理，即减排过程需要保证规则一直被遵守。

可以再增加一个限制条件来描述供应方的情况。如下文所述，以目标为中心的治理策略降低了市场准入的技术门槛，从而推动快速建立足够强的国内供给能力；而基于规则的治理策略将对应更高的市场准入门槛和减慢中国市场供给能力的发展速度。简单来说，基于规则治理下的供给能力比以目标为中心的治理低 $\eta\%$，因此相同的努力只能将脱硫设施的装机容量提高 $\alpha\times(1-\eta\%)$。

这里模拟了脱硫设施案例，以说明这个非常简单模型的实用性。以下是上述参数的假设：① A_0，脱硫设施的初始装机容量，为 7000MW，相当于中国 2000 年的装机水平（Ministry of Environmental Protection，2008–2012）；② $B_0\%$，装有脱硫设施的燃煤电厂的初始二氧化硫去除率，为 31.3%，相当于江苏省 2006 年的水平（Xu，2011b）；③ $B^*\%$，二氧化硫去除率达到的最高值，为 2010 年的 79%（图 6.1）；④ $\dfrac{\alpha}{\beta\%}$：$\dfrac{4500\mathrm{MW}}{1\%}$，决策者为将脱硫设施装机容量增加 4500MW 需要的投入与将现有脱硫设施的平均二氧化硫去除率提高 1% 所需的投入相当。这个假设的比例使用和拟合中国的实际数据；⑤ $\eta\%$，50%，假定基于规则的治理策略所对应的较高市场准入壁垒。如图 7.3 所示，以目标为中心治理战略的预测与中国在安装脱硫设施的燃煤电厂中的二氧化硫减排路径非常吻合。如果不考虑供给侧的约束，基于规则的治理主要在前期不同于以目标为中心的治理。然而，如果考虑到由于更高的市场准入门槛而可能造成的供应限制，那么基于规则的治理下污染减排将以慢得多的速度进行。

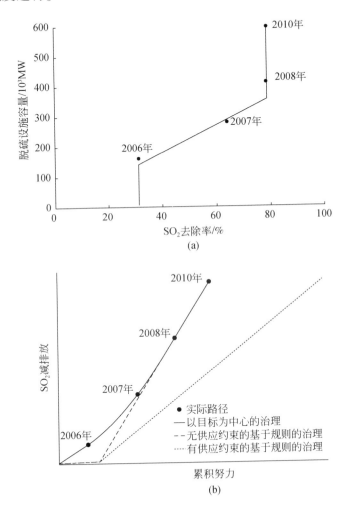

(a)

(b)

图 7.3 中国燃煤电厂二氧化硫减排路径模型预测

（a）以目标为中心的治理下脱硫设施的部署和运行（黑点为实际数据）；（b）在以目标为中心和基于规则的治理下二氧化硫减排量（Xu，2013）

第二节　以目标为中心的二氧化硫
减排路径下的技术许可

国际技术市场为中国国内企业提供了获得外国技术许可的机会，并迅速提高其技术能力，尽管这是有成本的。国际技术市场的正常运作对于发展中国家的经济发展和价值链升级很重要，同时也对环境保护产生重大影响。由于中国的污染物排放量巨大，采用环境友好型技术的速度和效果是其环境治理的关键决定因素。长期以来，发达国家向发展中国家的技术转让一直被认为是解决二氧化碳减排问题的关键措施（United Nations，1992）。技术转让的一个重要方法是通过技术许可。有了可用的技术市场，外国技术所有者可以选择通过技术许可获利或直接在客户国投资，而需要技术的国内公司可以通过技术许可获取技术或依赖本土创新（Teece，1988；Arora et al.，2001a，2001b）。在将低碳技术从发达国家转让给发展中国家的国际谈判中，发达国家通常主张基于市场的解决方案和对知识产权的充分保护，而发展中国家因为自身财力的不足往往要求低于市场价格的非完全市场解决方案（Ockwell et al.，2010）。不同的立场成为达成新的有效气候条约的障碍（Ockwell et al.，2010）。

尽管不利条件很多，但全球技术市场仍然规模庞大，20世纪90年代中期为每年350亿至500亿美元（Arora et al.，2001b），2002年约为1000亿美元（Arora and Gambardella，2010），然而只有一小部分（在美国不到三分之一）的技术交易是组织间而非组织内部不同下属机构的交易，这是真正的市场交易（Arora and Gambardella，2010；Saggi，2002）。大多数跨境技术许可发生在发达国家之间，从发达国家到发展中国家的跨境技术许可要少得多（Arora and Gambardella，2010）。大多数发展中国家的产品市场不够大，无法吸引许多潜在的技术转让者。发展中国家在知识和技术能力方面普遍落后于发达国家，而这些能力本来能够有效地吸收获得许可的外国技术并充分利用其价值（Metz et al.，2000）。此外，有效的保护有助于解决未经授权使用知识产权的问题（Gans and Stern，2010），但发展中国家往往没有完善的知识产权保护制度，因此在创造有吸引力的技术市场方面处于相对不利的地位

（Strokova，2010）。然而，对中国这样发展中的大国，尽管不能获得那些处于最前沿的技术，却可以通过国际技术市场取得某些外国低碳技术（Ockwell et al.，2010；Lewis，2007）。中国许多行业的快速发展部分源于外国技术的进口，例如风力发电机（Lewis，2007）、大型水力涡轮机（Liang，2001）和高速铁路（Chan and Aldhaban，2009）。

　　脱硫设施是一个特别突出的例子。脱硫技术在发达国家自20世纪70年代中期开始商业化部署。到1998年，全世界燃煤电厂脱硫设施装机市场约为每年10GW，其中美国市场占了大约4GW（Srivastava et al.，2001）。许多国际公司在这一领域建立了技术和工程声誉。中国开始大量部署脱硫设施比发达国家晚了大约三十年，在"十一五"规划中，每年市场规模超过100GW（第五章）。由于其较高的二氧化硫去除率（湿法技术通常超过90%），脱硫设施成为中国实现在"十一五"规划（2006–2010年）中将二氧化硫排放量减少10%目标最重要的技术（Xu，2011b，2011c）。截至2010年底，在中国超过500GW的脱硫设施中，90%以上使用的是外国许可技术（Ministry of Environmental Protection，2011a）。中国大公司普遍与外国公司签订了技术许可协议，并严重依赖外国技术。相反，由外国公司或合资企业安装的脱硫设施不到5%（Ministry of Environmental Protection，2011a）。尽管它们最初缺乏经过验证的技术和经验，国内公司实际主导了中国的脱硫市场。

　　以目标为中心的二氧化硫减排路径令中国早期的脱硫设施需求具备了三个特征。严格的二氧化硫减排目标以及中国庞大的规模使得脱硫设施市场的年需求量超过100GW，这是全世界以前市场规模的数倍（图5.12）。它们最初没有正常运行，实际上大大降低了质量要求（图7.1）。最初片面强调脱硫设施的安装而非正常运行表明，对脱硫设施的巨大需求从"十五"计划的低水平迅速提升，这对脱硫公司能否迅速满足市场需求提出了严格的时间限制（图5.12）。在作为技术被许可方的国内公司和作为技术许可方的外国公司决定各自技术市场策略时，这些特征发挥了关键作用。

一、国内技术被许可方的策略

　　作为技术被许可方的中国国内脱硫公司可以大致分为三类。其中，"国有"公司是指由国有发电集团控制的公司，由于其特殊的"内部"关系，这些公司本可以面临不那么激烈的竞争来"赢得"脱硫设施项目。一些研究机构和大学也开发了自己的脱硫技术，将其知识和技术能力直接转让给国有企业和校办/所办企业。非国有企业由于相对缺乏这种初始能力，可能会有不同的行为。此外，尽管中国大多数大脱硫公司都非常依赖技术许可，但有些公司专注于应用自己的技术。2010 年左右中国有五家大型国有发电集团，均为央企，其中四家拥有大型脱硫公司，有两家接受了作者的调研访问。2011 年底在机组规模不小于 100MW 的脱硫设施中，这两家公司的市场份额分别为 11.9% 和 3.3%。作者还走访了另一家较小的脱硫公司（隶属五大发电集团之一），其市场份额为 0.4%。与母公司的特殊关系使其在市场竞争中处于相对有利的地位。作者调研了八家与电力公司没有关联的脱硫公司。它们的市场份额从 0.7% 到 6.0% 不等，总计为 22.8%。此外，作者还走访了两家外国公司及其作为技术许可方的中国代表处，以提供外部视角。

国内企业引进脱硫技术的决定在很大程度上受到以目标为中心的二氧化硫减排路径下的三个需求特征的影响。

第一，中国对脱硫设施的庞大需求对供应能力提出了挑战。其中之一是中国是否有足够的工程师。这一问题部分通过迅速培养更多的大学生而得到解决（图 7.4）。2000 年，49.6 万名学生从全日制四年本科毕业，其中包括 21.3 万名工程专业学生。2010 年，这些数字分别增长到 259.1 万和 81.3 万，2018 年进一步攀升至 386.8 万和 126.9 万。2018 年，大约相同数量的学生（366.5 万人）从其他全日制专科毕业，但学习时间较短，为两到三年。2018 年，20–24 岁年龄段人口占中国人口的 5.95%，即每个年龄平均有 1660 万人（National Bureau of Statistics，1996–2019）。因此，2018 年中国新增劳动力中约有一半接受了正规大学教育。其他非全日制或基于互联网的大学课程在这一年又培训了 410 万名毕业生。这些增强的人力资源为中国快速部署污染物减排设施提供了重要基础。

巨大的市场也有助于减少对技术许可方在收到款项后可能不愿完全转让技术的担忧（Arora et al.，2001b）。就脱硫技术而言，按承接工程合同支付的使用费在技术许可的收入流中占主导地位，因此能够有效规避上述道德风险。例如，一家美国公司向一个被许可公司收取 65.2 万美元作为首付款

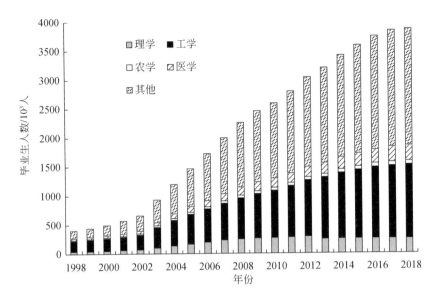

图 7.4　按学科分类的中国本科毕业生人数

（Ministry of Education，1999−2019）

（表 7.1），而作者调研发现，技术许可证的使用费大致为脱硫工程合同价值的 2%。在 2004 年至 2010 年期间，该公司的技术转让费收入几乎是首付款的 40 倍（被许可公司在此期间完成了 34.9GW 的湿法脱硫工程安装（Ministry of Environmental Protection，2011a），而全国的平均价格约为 35 美元/kW（Xu et al.，2006）。从另一个角度看，正如一家日本公司在中国脱硫市场上做技术许可所表明的那样，当被许可公司对技术转让满意时，其损失仅限于首付款。此外，如果技术许可公司声誉不佳，可能会限制其未来在庞大且快速增长的中国市场的发展。

表 7.1　脱硫技术许可合同的首付费用

年份	中国被许可公司	外国许可公司的原籍国	首付款/美元	脱硫技术类型
1998	武汉凯迪脱硫工程有限公司	德国	277 304	干法
2001	福建龙净环保股份有限公司	德国	3 989 234	湿法 循环流化床
2002	武汉凯迪脱硫工程有限公司	美国	652 118	湿法

年份	中国被许可公司	外国许可公司的原籍国	首付款/美元	脱硫技术类型
2002	浙江菲达环保科技股份有限公司	美国	1 250 000	湿法
2002	重庆九龙电力脱硫有限公司	日本	1 126 563	湿法
2004	重庆九龙电力脱硫有限公司	奥地利	1 423 765	湿法
2004	浙江浙大网新环保技术有限公司	法国	1 200 000	湿法

注：采用 2010 年 12 月 31 日的汇率：1 美元 = 6.62 人民币 = 0.75 欧元。这里的中国被许可公司都是上市公司，数据来自其年度报告

第二，脱硫设施的质量要求最初较低。脱硫设施的大规模部署在 2002 年左右逐渐展开，但直到 2007 年其运行情况才显著改善（Xu，2011b；Xu et al.，2009）。在这五年中，许多已安装的脱硫设施并未按规定正常运行以深度减排二氧化硫，因此质量问题并未得到重点关注，而质量与脱硫公司的技术水平密切相关。此外，中国 2002 年的电力体制改革创建了多个独立的发电集团来鼓励竞争——尽管它们都是国有的。新发电厂的快速建设使它们可用的财务资源紧张，因此有很强的动力去尽量减少每个新项目的资本需求，而低质量的脱硫设施可以大大降低投资成本。此外，投资和日常运营在很大程度上是分开决策的，各决策者的激励措施也不同，导致对质量的要求进一步降低。燃煤电厂的管理人员有意愿安装高质量的脱硫设施，但资本投资由发电集团公司高层决定。对质量和技术水平的低要求大大降低了脱硫公司以及整个产业链技术方面的市场准入门槛。相比之下，进入美国市场的质量要求和技术门槛要高得多。

中国的监管机构也关注质量要求，特别是当了解到国内企业最初令人担忧的技术状况时。对于中国而言，技术可以来自国际转让或自主创新。许多因素可能会影响一个国家或公司在这两种技术策略之间的选择。目前，基于进口技术的二次创新，加上原创和集成创新，已成为中国自主创新战略的三大基石（State Council，2006）。脱硫设施的招标文件一般都规定需要成熟的技术。直到 2005 年，外国技术供应商才被明确要求已经安装过相同或更大规模的脱硫设施（Guizhou Qiandong Power Station，2005）。作者的调研也证实了早期对外国商业化技术的普遍要求，当时几乎没有国内公司有任何经过验证的技术和工程。直到后来许多国内脱硫公司完成了一定数量的项目后，这一

要求才有所放松。

第三，时间是一个重要的制约因素。在 20 世纪 90 年代末和 21 世纪 00 年代初，很少有国内公司能够设计脱硫设施。突然出现的巨大市场催生了许多国内脱硫公司，而其他行业现有公司也重新调整自己的市场策略，进入了这个新市场。由于大多数公司缺乏经验，且市场足够大，除了那些燃煤发电集团拥有的公司，大多数公司相差不大。如果一家公司能够迅速建立工程和管理团队并比其他公司更快地发展其技术能力，将取得更多工程订单。另外的时间限制是，从发出招标文件到完成投标过程的时间很短，通常只持续 1–4 周。此外，如果施工按计划开始，设计过程将在几个月内完成。承接公司必须迅速做出反应并保证质量。

由于技术基础薄弱，这些时间限制有助于推动国内公司获得技术许可。当对脱硫设施的需求开始激增时，国内自主技术由于不成熟，通常无法突破时间限制。用一位受访者的话来说，自主研发只是产生了"裸技术"，还需要投入多个有实际规模的示范项目来使技术发展成熟才能进行广泛的产业部署。这些"裸技术"的商业化至少需要几年时间且耗费大量的资金，同时还需要燃煤电厂愿意承担示范工程的风险。中国脱硫市场的年装机容量峰值预期只会持续较短时间，这将降低对自主研发技术的潜在投资回报。而外国技术许可比较容易取得，这同时也降低了自主创新的动力。市场上所有主要的国内公司都通过国际技术市场引进了外国技术。在这个方面，国有企业、校办/所办企业和非国有企业之间没有明显的区别。即使是主要应用自己技术的非国有公司，最初也往往从国外获得技术许可。

隐性知识不能像成文的显性知识那样容易转移，但隐性的专有技术在建立健全技术市场方面发挥了积极作用。通过技术转让合同获取专有技术比获取专利使用权许可问题更多（Arora et al.，2001b）。然而，在知识产权保护还有待健全的发展中国家，如果没有专有技术，专利使用权许可可能是不必要的，因为专利中包含的知识已经公开并进入公共视野。中国国内脱硫企业通常选择通过国际技术市场来合法获取技术许可，这与一般发展中国家有着显著不同。合法的技术许可确保了可以在相对较短的时间内获得包括系统培训、技术文档和商业秘密在内的完整系统技术，而不会使被许可公司面临法律纠纷。另一种选择是从外国公司招聘专家，但存在法律风险，而且因为很难招募整个团队，收到的技术也可能不完整。通过这种方式来全面掌握技术所需要的时间也比通过技术许可要长得多，而因为给外国专家的薪酬通常远高于中国的标准工资，相关费用也不会低。此外，非法获取的技术并不能提供来自可靠技术供应商出具的技术保证，而燃煤电厂在其招标文件中通常要求提供这种保证。

国内脱硫企业有能力迅速吸收授权技术以突破时间限制。早在 20 世纪 70 年代，中国就通过自主研发脱硫技术建立了相关产业并具备了吸收进口技术的重要能力（Shu，2003）。从 20 世纪 70 年代中期到 80 年代中期，中国试验评估了几项脱硫技术，尽管其规模比商业项目小一两个数量级。例如，一个 300MW 的装置相当于约 10 000 000Nm³/h（标准温度和压力下的立方米/小时）的烟气流量，而当时中国最大试验的流量为 70 000Nm³/h（Shu，2003）。从 20 世纪 80 年代中期到 2000 年，外国技术在国内进行了商业规模的示范（Gu，2004；Shu，2003）。2000 年，外国技术被正式确认为中国进一步发展脱硫技术的基础（National Economic and Trade Commission，2000）。国内的技术吸收能力通过自由劳动力市场将工程师和管理人员有效地分配给所有大公司，包括非国有企业。

认识到技术许可带来的限制（例如对于承接海外工程的限制），中国在过去二十年里更加重视研发。2000 年中国有 92.2 万名全职研发人员，到 2018 年这一数字迅速增长了 375%，达到近 440 万人。研发支出从 1995 年占 GDP 的 0.60% 提高到 2018 年的 2.19%（图 7.5）。一个更具活力的技术市场也出现了，交易价值从 1995 年占 GDP 的 0.46% 增加到 2018 年的 1.97%（图 7.5）。随着中国经济的快速增长，2018 年的研发支出和技术市场成交额按可比价格比 2000 年分别增长了 1084% 和 1365%（图 7.5）。这种研发热潮加强了中国吸收外国技术和自主创新知识产权的能力。在环境技术类别中，2000 年中国专利审批机构分别授予了居民和非居民 103 项及 69 项专利，约占美国的 10%。2018 年，它们分别增长到 7459 项和 881 项，而同期美国的数字分别为 1258 项和 1369 项（图 7.6）。

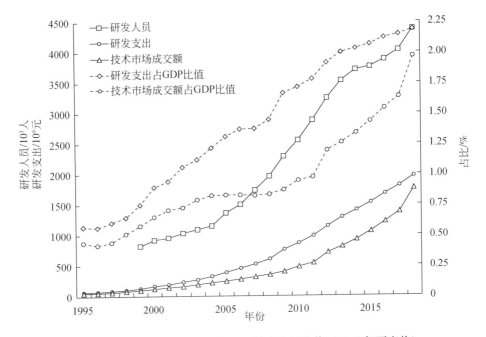

图 7.5 中国研发人员数量、支出及技术市场价值（2018 年不变价）

（National Bureau of Statistics，1996–2019）

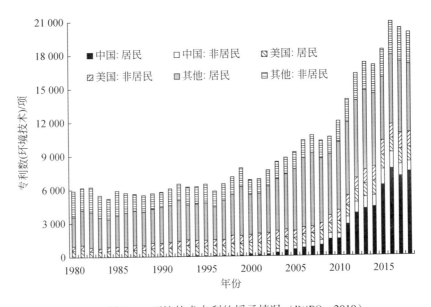

图 7.6 环境技术专利的授予情况（WIPO，2019）

二、外国技术许可方的策略

在以目标为中心的二氧化硫减排路径下，中国脱硫设施需求的三个特征也在很大程度上决定了外国技术许可方的策略。

第一，中国对脱硫设施的巨大需求为外国技术拥有者创造了大量商机。技术许可的决策涉及收入效应（即从许可中获得的收益）和租值耗散效应（即由于产品市场上新的或更强有力的竞争者出现所造成的收入损失）（Arora and Fosfuri，2003）。较强的收入效应会促进技术许可，而较强的租值耗散效应会起到反作用。对于拥有脱硫技术知识产权的大型外国公司来说，相比选择无所作为，中国新兴市场的收入效应确实很大。技术许可方只需要在中国设立一个小型办事处来监督被许可公司并为其提供合作服务。例如，作者调研的两家外国公司在北京都有一个办事处，大约有五名员工，而其被许可公司每年合同价值数亿美元。被许可公司会先交一笔技术转让首付款（表7.1）。如果技术转让合同得到忠实履行，被许可公司的商业成功将给许可方带来可观的技术使用费。专有技术和商业秘密转让后，知识产权可能面临滥用或侵权的风险，比如没有全额支付技术使用费。尽管如此，大多数外国公司还是决定承担这种风险，以避免在中国直接投资参与脱硫工程竞争面临的更大风险。

技术转让后，技术许可方最关心的一个问题是被许可公司是否按照约定支付技术使用费。许可方和被许可方在作者的调研中都说，中国大的脱硫公司确实定期支付技术使用费。此外，一些即将到期的技术许可已经续期，这也从侧面显示了技术使用费支付的良好记录。作为预防措施，会设计加密软件，只有特定的计算机才能安装且需每年重新注册。国内公司的几位受访者表示，尽管获得技术许可几年后他们已经掌握了核心技术，但仍然选择继续支付技术使用费。追踪被许可公司的工程业绩并不难。脱硫设施尺寸巨大，其建设经常成为当地新闻，政府环境保护部门每年也都会发布每个脱硫设施及其承包商的详细信息（Ministry of Environmental Protection，2011a）。此外，与许可方的良好伙伴关系符合被许可公司的长远利益。中国市场对脱硫技术的要求在逐步提高。反映在单机规模上，300MW级别的机组在2005年之前占主导地位，2006 年之后，600MW 级别成为主流，然后是 1000MW 或更大的级别（Ministry of Environmental Protection，2014）。单机规模的每一次显著扩大都预示着新的技术要求。因此，脱硫技术许可是一个持续而非一次性的过程。通过按约支付技术使用费来加强良好的合作伙伴关系，可以帮助被许可公司通过未来的技术许可扩展新市场。此外，伙伴关系可以为双方创造商机。例如，当香港一家大型燃煤电厂决定安装脱硫设施时，它首先联系了几家国际公司，其中包括一家来自美国的公司。但这家美国公司完全致力于其本国市场，不愿意承担香港项目设计、采购、施工工程总承包合同的财务风险。最终，这家美国公司的中国内地被许可公司被介绍过来并拿到了合同。

技术使用费可能会随着时间的推移而降低，从而降低了履行许可合同的成本。例如，一个实际技术许可合同将十年合同期分为三个阶段，其间技术使用费不断下降。在其他几个案例中，当市场竞争变得过于激烈而使得利润率大幅缩小时，双方会就技术使用费重新谈判。过高的技术使用费可能会降低被许可公司的竞争力，最终结果可能是技术使用费收入减少，不付款的风险增加。重新谈判加强了许可方和被许可方之间的伙伴关系，为双方的利益服务。在 1998 年签署的一份技术许可合同中，技术使用费水平最初与烟气量有关。但由于之后中国安装脱硫设施的投资成本大幅下降（图 7.2），按烟气量计算的技术使用费占合同价值的百分比将大幅增加。双方重新谈判后降低了技术使用费。双方的合作关系依然牢固，许可方和被许可方都保持了在市场中的商业成功。

诉讼（特别是那些在中国境外开展的）也是对潜在侵权行为的威慑，从而维持了显著的收入效应。例如，浙江浙大网新环保技术有限公司是一家在上海证券交易所上市的国内脱硫公司，信息定期披露。它于 2004 年 12 月与一家法国公司签订了技术许可合同（表 7.1）。然而，2006 年 4 月，浙江浙大网新环保技术有限公司宣布将取消合同，此后停止使用被许可技术。2005 年和 2006 年这家公司为六个项目支付了技术使用费，总装机容量为 7.450GW（Sina Finance，2010）。该公司于 2006 年 9 月与一家意大利公司签订了一份为期一年的新合同，如果双方均未提出异议，合同将自动续签。其规定无论脱硫工程合同价值如何，每个项目的技术使用费都是固定的两万欧元（当时约为 2.66 万美元）（Sina Finance，2010）。这家法国公司后来在新加坡起诉了浙江浙大网新环保技术有限公司（当初技术许可合同规定的争议仲裁地）。当地法院于 2010 年 2 月作出裁决，浙江浙大网新环保技术有限公司被判为 2005 年的技术使用费损失支付 2 085 737 美元的赔偿金，并为之后的损失支付 24 566 684 美元的赔偿（Sina Finance，2010）。类似诉讼可能有助于阻止其他被许可公司不履行技术许可合同。

第二，质量要求低和相应的市场准入技术门槛低吸引了新公司积极进入市场，从而减弱了技术许可方的租值耗散效应。如果公司的下游业务规模较小或下游市场竞争激烈，则租值耗散效应将受到限制，选择技术许可来获利的可能性更大（Arora and Gambardella，2010）。事实上，中国脱硫市场是新兴市场且竞争激烈（Ministry of Environmental Protection，2011a）。此外，市场演变也表明租值耗散效应应该是不重要的。外国企业在了解中国市场实际需求方面往往落后于国内企业，尤其是在脱硫市场早期发展阶段。在所有外国公司中，日本的脱硫公司为进入中国市场提前做了最充分的准备。三菱重工业株式会社拥有的中国烟气脱硫专利最多（State Intellectual Property Office，2010），并且在 20 世纪 80 年代末至 90 年代拿下了安装中国第一个商业规模脱硫设施的合同（四台 360MW 机组）（Gu，2004）。然而，截至 2010 年底，三菱技术在中国市场仅被用于 3.3GW 的脱硫工程（Mitsubishi Heavy Industries，2011）。调研显示，许多外国公司通常将设计软件与其他专有技术一起打包许可，以使中国被许可公司能够在市场中保持竞争力。但这家日本公司不愿意完全提供设计软件，并希望更多地参与工程。因此，其专有技术的技术转让并未完成。该决定可能受到预期显著的租值耗散效应的影响，因为这家企业在中国已授予的脱硫技术专利中处于有利地位。然而，由于这种合作关系使它们无法对市场动态作出快速响应，降低了企业竞争力，其被许可公司会出于这方面的考虑而决定与其他技术许可方开展业务合作。例如，上海证券交易所上市公司中电投远达环保工程有限公司的控股公司重庆九龙电力股份有限公司的年度报告显示，虽然该公司向日本公司支付了 110 万美元作为首付款，但仅仅两年后，便决定与一家欧洲公司签订另一份许可合同，放弃了日本的技术（表 7.1）。虽然三菱重工业株式会社对许可技术严格控制，但从中国市场获得的利润有限，这也表明租值耗散效应很小。众多技术许可方的存在削弱了租值耗散效应，因为没有一个许可方在国际脱硫技术市场上具有足够大的支配力能阻止其他潜在许可方通过向中国公司转让技术获利。

第三，时间限制阻碍了外国技术许可方直接参与中国市场。作者调研的两家美国公司在北京都有一个小型代表处，但它们的许可策略明显不同。它们表示，中国政府对外国公司竞标脱硫设施工程项目没有限制，但许多外国公司并不期望通过在中国建立子公司或合资企业来赚取可观的利润。其中一家美国大公司预计中国市场在开始萎缩之前的峰值只会维持几年时间，而事实也证明了其预期（图5.12）。因此，如果在中国设立子公司，所需资本和人力资源投资都只能在短期内发挥作用。该公司过去在其他国家的经验表明，直接投资不能自由撤回，因此在中国脱硫市场这一策略并非最优。此外，由于美国脱硫市场的复苏，其有限的人力资源也限制了美国公司在中国直接投资（U. S. Energy Information Administration，2011）。

三、技术市场可以在中国出现的原因

即使在发达国家，有效的技术市场也很难建立，因为它往往不能满足罗斯提出的有效市场设计的三个标准，即成功的市场必须是"繁荣、通畅和安全"的（Gans and Stern，2010；Roth，2008）。罗斯标准被用来修复无效市场或建立新市场。因为环境污染往往是由于市场失灵，罗斯标准可能对环境保护特别有用。首先，一个有效的市场需要许多潜在的买家和卖家（或者说足够的市场厚度）以增加有效匹配的机会。然而，许多知识不是独立的，而是依赖其他互补的知识和资产来实现其全部价值，许多低碳技术都是如此（Harvey，2008）。这个问题使得单项知识的许可不太可取。如果知识属于不同的实体，无效的协调可能会限制潜在买家和卖家参与市场的意愿。其次，市场应该符合罗斯"通畅"标准，即买家和卖家应该能够与多个可能的贸易伙伴进行谈判，并有足够的时间做出有效的选择。在不畅的市场中，竞争是不够的，价格也没有达到市场平衡。由于披露买方评估技术价值所需的必要信息可能导致不必要的技术外泄，因此头方和卖方之间通常对信息保密，这限制了市场公开竞争，可能不符合"通畅"标准。最后，市场交易要"安全",也就是说要双方互相信任,并采取保障措施以允许表达真正的意图并传递信息,让双方对交易都满意。然而,在技术许可方披露信息后,可能产生被许可方无需签署技术许可合同就能独立利用信息,从而滥用知识产权的问题。

中国的脱硫技术市场满足了罗斯的三项标准,关键因素包括中国庞大的市场规模、现有技术的成熟度以及以目标为中心的治理。

首先,由于作为技术下游市场的中国脱硫市场规模远超其他国家,主要的外国脱硫公司作为潜在的技术许可方,无法忽视这一潜在的商机。大市场以及技术许可所促成的低技术门槛使许多中国国内公司成为潜在的技术被许可方。来自美国、欧洲和日本的多个卖家积极推销它们的技术(Xu et al.,2009,2006)。此外,截至 2010 年,中国市场有 16 家公司(全部为国内公司)完成了至少 10GW 的脱硫设施建设,全部使用外国许可技术(Xu et al.,2006;Ministry of Environmental Protection,2011a)。三类中国公司——国有企业、校办/所办企业和非国有企业在技术市场上的行为并没有明显不同。脱硫工程市场的激烈竞争压低了工程造价,降低了外国公司直接投资的预期利润,但技术许可的收入却是可观的。技术许可的收入效应压倒了租值耗散效应,因此技术许可成为外国公司的主要选择。作为一个大国,中国具有很强的吸收新技术的能力,这种能力通过自由劳动力市场有效地分配给了不同类型的公司。许可方和被许可方同时进行多项双边谈判,以帮助解决市场不畅问题。此外,技术许可的安全性也受益于中国庞大的市场规模。由于市场庞大,技术转让费收入可观,这将鼓励许可方转让全套技术。脱硫设施在各单机规模级别的市场都是巨大的,并且单机规模随着时间的推移而升级,需要许可方的持续技术支持。这种动态演进有利于许可方和被许可方之间为了双赢而建立长期合作伙伴关系,被许可方也乐于按合同支付技术使用费。

其次,脱硫技术的成熟起到了至关重要的促进作用。在发达国家进行了几十年的商业部署之后,许多脱硫公司已经获得了完整的技术包。个人和公司的专业知识,或作为隐性知识的专有技术,是一揽子技术的重要组成部分。获取专有技术会增加成本,而且对合同设计提出挑战,但鉴于中国当时对知识产权保护的标准尚待完善,技术许可对于获得完整的技术包是必要的。许多外国公司已成为独立的技术持有者，潜在的被许可方只需与一个许可方谈判即可获得完整的技术包。在决定是否许可技术、在发展中国家直接设立子公司、或者什么都不做时，发达国家的脱硫公司需要比较每个选择的预期利润。市场上占主导地位的商业模式是技术许可。对于潜在的被许可方，该技术可以通过自主创新获得，也可以从外部获得。有利的条件激发了中国市场对外国技术的需求。

中国市场也符合罗斯关于"通畅"的第二个标准。脱硫技术的成熟和推广使得该技术的价值能够相当准确地估计，以促进市场交易。调研表明，虽然技术许可的谈判一般是双边的，没有向第三方披露信息，但许可方和被许可方往往同时与另外的几个实体就最合适的技术许可合同进行谈判。知识产权保护被认为是确保市场安全和满足第三个罗斯标准的关键手段（Gans and Stern，2010）。如上所述，专有技术和诉讼风险确保了这一标准普遍得到满足。因为专有技术的不易获得性，在谈判中披露价值评估的必要信息造成的问题也就较少。

大量潜在被许可方的存在使许可方能够设计其市场策略，以实现利润最大化。至少有三个许可方采用了三种明确不同的策略。一家大型美国公司仅向两家中国公司授权，并通过全面的技术支持与其建立了长期合作伙伴关系。其中一家中国公司取得的技术许可在一段时间内仅限于被许可方所在的省份，另一家中国公司取得的技术许可则覆盖全国，被许可方在其指定的市场空间范围可以拥有独家使用权。另一家美国公司在中国有大约八家被许可方，其策略是增加其技术的市场份额和技术使用费，但仍然对被许可方有选择，以防止不合格的被许可方损害该技术的声誉。此外，如上所述，一家日本公司将其技术授权给几家中国公司，但与两家美国公司不同，该公司拒绝转让设计软件。以上两家美国公司的技术得到了广泛应用，但日本公司的技术在没有太多应用的情况下被市场放弃了。从赚取的技术使用费来看，美国公司的两种市场策略显然使其成为赢家。

建立尖端技术的有效技术市场困难重重。可能没有多少机构或公司已经获得知识产权，从而可以作为潜在的许可方（卖方）。特定尖端技术的价值更难评估，专有技术的积累可能仍在进行中，而产品的高昂价格也将限制其市场规模。这些不利条件阻碍了潜在技术被许可方（买方）的出现。为促进技术许可而披露信息也会引起技术所有者的更多担忧。因此，对于尖端技术来说，有效市场设计的罗斯标准将比成熟技术更难满足。

再次，以目标为中心的治理所导致的二氧化硫减排路径显著降低了中国国内公司的市场准入门槛。上面两项因素可以认为主要是外生的，而国家可以主动选择环境治理策略。对于尚未建立健全法制且国内工业基础仍薄弱的发展中国家来说，以目标为中心的治理可能会带来一条可行的改进道路。为了满足时间限制和技术要求，中国各大企业普遍引进外国技术，以迅速提升技术能力。早期，中国尚未建立良好的环境政策实施体系，因此许多脱硫设施在缺乏有效监管的情况下并未正常运行。为了满足政府法规的最低要求，燃煤电厂通常选择安装最便宜的脱硫设施，但没打算正常运行。对于没有技术优势的国内脱硫公司来说，最初对脱硫设施质量的要求较低，其后质量要求不断升级，为国内脱硫公司进入市场奠定了基础。

在以目标为中心的治理下，风能的利用也遵循了类似的路径，这也有助于降低国内风力发电制造行业的市场准入门槛。与二氧化硫减排案例类似，风能发展的初始阶段也在目标驱动下更侧重于风机装机容量的增长。在中国的《可再生能源发展"十一五"规划》中，风电的主要目标是发电能力，而实际发电量是补充目标（NDRC，2008）。中国平均 1kW 风电装机容量所发出的电力始终比美国少得多，这部分表明了中国的风机运行条件较差（图 7.7）。当风机装机规模变得足够大时，中国政府开始更加关注其运行。风机的质量和运行问题随着其装机容量的持续增长而凸显出来，不仅威胁到风力发电，更重要的是可能损害电网的安全性。因此，国家开始更加关注这些问题并提出更高的要求（SERC，2011）。2010 年，国家能源局发布了一项计划，制定了247 项风能开发技术标准，其中包括已经生效的几项（National Energy Administration，2010）。较低的技术市场准入门槛对鼓励新公司起到了积极作用。2006 年，中国市场仅有 12 家风机整机制造公司，2012 年这一数字上升到 29家（Shi，2007；China Wind Energy Association，2012）。供应链上的许多零部件供应商也积极进入市场（Chinese Wind Energy Equipment Association，2011）。与风机整机制造商相比，零部件供应商的技术复杂性和市场准入门槛甚至更低，这导致了更激烈的竞争并使利润率一再降低。

此外，与脱硫公司不同，中国风电行业的公司从一类截然不同的外国公

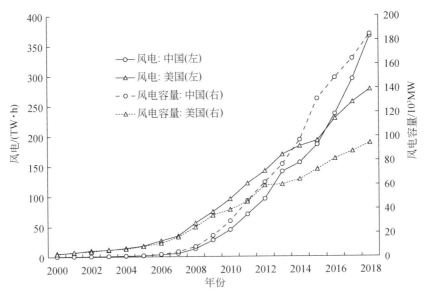

图 7.7　中美两国风能发展（BP，2019）

司那里获得技术许可。脱硫技术的外国许可方通常是密切参与安装脱硫设施业务的大公司（Xu，2011a）。相比之下，外国的大型风机整机制造商大多不愿意将技术许可给中国公司，因此大多数外国许可方是设计公司或小型制造商，它们更专注于上游技术开发。这种现象在技术市场理论中被解释为基于各自产业结构的理性选择（Arora and Gambardella，2010）。质优价廉和不受地域限制的技术许可使中国国内风电行业具有潜在的竞争力。

　　技术市场也可能适用于印度等发展中大国。它们也可能拥有潜在的大市场，通过这些市场可以催生许多国内公司和激烈的竞争。许多其他低碳和污染控制技术已经商业化，其中包含很多专有技术。需要注意的是，这些发展中国家的国内污染减排市场不一定总是维持庞大的规模。这部分取决于政府政策，而不仅仅取决于其整体经济规模。它们消化吸收外国技术的能力可能并不总是很强。然而，发展中国家在利用技术市场以成熟技术建立其工业实力方面有很大的潜力。以目标为中心的治理可以为这些发展中国家的国内产业在低起点发展并取得进展提供更可行的路径。

第三节 以目标为中心的二氧化硫
减排路径下的环保产业

一、市场准入和竞争

对于污染环境的企业和其他提供污染减排设施的企业，以目标为中心的二氧化硫减排路径可能并不对其产生直接影响。一方面，关于中国国情下"污染避难所假说"的实证研究结果好坏参半（Levinson and Taylor，2008；He，2006；Shen，2008）。其关键原因——环境监管不力，包括政策薄弱和执法不力可能导致污染企业不采取减排行动，延迟或仅部分遵守污染控制政策（Harney，2008）。在中国，污染企业认为环境保护政策和商业标准不构成重要的市场准入条件（Niu et al.，2012）。与欧Ⅳ排放标准相比，较差的欧Ⅱ标准在中国可以分别将每加仑汽油和柴油的成本（3.78L）降低1.1美分和1.9美分（Liu et al.，2008）。成本负担也成为使污染企业完全合规的政治和监管障碍。另一方面，从提供污染物减排设施的角度来看，薄弱的监管同样可以降低市场准入门槛，以鼓励企业竞争、创新和建立污染控制的工业能力（Stigler，1971；Dean and Brown，1995）。

供应方面的两个重要障碍可能会减慢脱硫设施在中国的部署。当时全世界的脱硫设施供应能力无法满足中国每年超过100GW的需求（图5.12）。初始投资成本为65~90美元/kW（图7.2），占新建燃煤电厂成本的10%以上（SERC，2006）。有效地调动中国庞大的劳动力资源和工业基础来推进脱硫设施的安装，有望满足快速增长的需求。对外国直接投资脱硫公司和工程没有重大限制表明，外国和国内公司都可以利用中国的劳动力资源。

庞大的中国市场可以轻松容纳许多脱硫公司，同时不会失去规模效应。供应潜力能否释放取决于现有企业能否扩大产能，更重要的是新企业能否出现。美国市场只有十来家脱硫公司，而且新公司很少，但中国市场有60多家公司，几乎所有公司都是新成立的，且大多数是国内公司，这表明中国市场准入门槛要低得多（图7.8）。21世纪00年代，脱硫设施的年新增产能在中

第七章 环境技术与产业

169

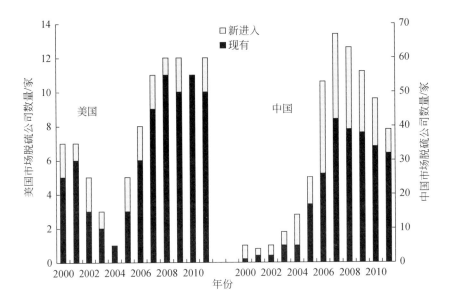

图 7.8　中国和美国市场中国安装 100MW 或以上脱硫设施的公司数量变化

(Ministry of Environmental Protection，2008–2012；EIA，2007–2011；Xu，2013)

"现有"：公司之前安装过 100MW 或以上脱硫设施。"新进入"：企业首次进入市场。

美国数字使用左轴，中国数字使用右轴

国和美国都十分显著。单位投资成本数据显示，中国的成本迅速下降而美国的成本飙升（图 7.2）。在中国，迅速上升的需求令众多新公司涌入市场，从而产生了激烈的竞争，导致成本下降。而美国的竞争有限，这限制了供应能力的扩大，当对脱硫设施的需求增长时，价格会被推高。

如上所述，早期中国国内公司不具有技术优势。然而，由于技术市场上存在许多潜在的许可方，它们都可以向中国转让技术，因此，技术不再成为中国企业参与竞争的障碍。熙熙攘攘的市场使得激烈的竞争不仅限于脱硫工程，外国公司之间也存在竞争，争夺与特别有潜力的中国公司签订技术许可，这些中国公司有望获得许多项目并为外国技术许可方带来可观的收入。这些潜在的技术被许可方主要由燃煤发电集团设立。调研表明，财务付款是技术许可合同谈判中的关键部分，而其他重点包括技术的适用性和许可的范围等。愿意接受较低的首付款和较低的技术使用费的许可方更具竞争力。早期合同的差异比较大，之后湿法脱硫技术许可合同的首付款稳定在 120 万美元左右

（表 7.1）。

二、中国脱硫行业的国际竞争力

由于不同环境领域的特点，以目标为中心的治理可能对不同的环境行业产生截然不同的影响。比如中国脱硫设施和风机制造行业的国际竞争力就有显著差异，这可以从美国对中国工业实力上升的反应中清楚地看出。在中国快速增长的同一时期，美国也见证了脱硫和风电更广泛的应用。从 2004 年到 2010 年，其脱硫设施装机容量从 100GW 增长到 181GW，风电装机容量从 6.8GW 增长到 40.3GW（EIA，2012-2013）。"中国价格"是中美贸易争端的关键因素之一。2010 年作者的实地调查显示，中国脱硫设施的价格约为 20 美元/kW，而在美国为 206 美元/kW（EIA，2012-2013）。对于风机，2010 年中国的平均价格为 700 美元/kW，美国为 1460 美元/kW（图 7.9）。然而，中国的脱硫设施在两国之间的贸易争端中几乎没有任何新闻，但是关于风机的却非常多（Cooper，2012）。从另一个角度来看，中国当时的脱硫行业没有为国际二氧化硫减排做出显著贡献，而其风电行业加强了全球二氧化碳的减排能力。

尽管中国庞大的脱硫市场在建立供应能力和降低成本方面取得了成功，但在国际市场的竞争力并未提升，中美市场近十倍的价格差异清楚表明了这一点（图 7.2）。许多脱硫设施质量低下，这增加了运行和维护成本并缩短了其使用寿命。尽管脱硫设施运行的延迟改善对于降低初始质量要求和市场准入的技术门槛至关重要，但在 2007 年脱硫设施被要求正常化运行之后，其价格仍然很低，并没有随着质量要求的提高而提高。2002 年到 2007 年的这段时间，中国的脱硫产业陷入了质量低下的困境。在投资脱硫设施时，巨大的质量溢价会让电力企业面临严峻的财务挑战。此外，脱硫设施的质量对投资方来说并不是完全透明的，而脱硫公司对其工程设施了如指掌。在那五年中，一场逐底竞争推动了脱硫设施的质量和价格稳定在最低水平。由于几乎没有脱硫公司将质量声誉作为其竞争力，任何显著的价格上涨都会使该公司在竞争中处于不利地位。即使中国开始允许脱硫设施通过 BOT（建造、运营、转让）合同来更好地整合投资和助力日常运营决策（NDRC and SEPA，2007），这一低质量困境仍然很难摆脱。中美脱硫市场隔离的另一个重要原因在于对技术许可方的限制。几乎每一家主要的中国脱硫公司都依赖外国技术，这些技术的使用权被限制在中国国内市场（Xu，2011a）。

然而，与脱硫设施相比，风机发展早期的中国市场准入的技术门槛要高得多。尽管中国的成本远低于美国，但在质量和价格上没有发生逐底竞争，中国风机的价格保持稳定（图7.9）。其运行要求从未像脱硫设施案例那样触底。一个关键原因在于其不同的监管基础。尽管对脱硫设施安装和运行的监管可以建立在现有的环境监管体系之上，但当时中国环境政策执法薄弱的现实表明，这样的体系尚未完善。相比之下，尽管风能是一种新型的发电机组，但风电输送的合规监测系统即电力计量已相当成熟。此外，由于发电对地方政府来说具有直接和显著的经济效益，因此与脱硫设施相比，增加发电和改善管理的政治意愿要强烈得多。由于风机的运行不畅或质量不佳会影响风力发电，从而影响收入，因此风电场的投资者比脱硫设施的投资者更看重质量。

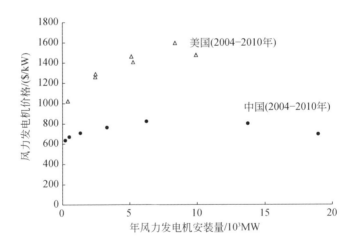

图7.9 中美风机的平均价格（IEA and ERI，2011；Wiser and Bolinger，2012；BP，2019；Xu，2013）

尽管中国和美国之间存在非常明显的风机贸易争端，但风机的实际贸易却很少。2011年，出口风机的总装机容量仅相当于国内安装量的1.3%（China Wind Energy Association，2012）。尽管有四家中国风机整机制造商跻身世界十大制造商之列，但与其他六家作为区域或全球供应商不同，它们仍然主要服务于中国国内市场（Li et al., 2011）。除了其他影响因素外，一个重要原因可能是质量差距，使得中国风力发电机未能达到发达国家市场准入的技术门槛。然而，如果以中美价格差作为质量溢价的上限或质量陷阱的深度，中国风电行业将比脱硫行业更有可能逃脱陷阱。

正如两个比较案例研究所表明的，低质量陷阱的深度可以通过污染控制设施的运行改进延迟时间长短来确定。延迟时间应该足够长，以便建立国内供应能力，但又要及时，以防止在质量和价格上竞相逐底。影响质量陷阱深度的另一个因素是初始执行能力。由于对发电的监测能力比对减排传统污染物的要强得多，中国有条件建立具有国际竞争力的可再生能源发电产业。质量和技术的低市场准入门槛是使中国在初始不利条件下市场和产业发展还能充满活力的关键因素。在后期的升级中，中国可以更多地关注提高相应的要求，但保持较低的其他门槛，以尽量减少这种升级的负面影响并持续鼓励新企业参与市场竞争。

第四节　以目标为中心治理下目标间的协调

中国的五年规划在经济增长、社会发展、环境保护和资源节约等多个领域提出了多个目标。经济增长率目标始终是每个五年计划目标的第一个目标，而自"十一五"规划以来，它们一直被列为"预期性目标"（当时首次将目标区分为"预期性"和"约束性"）(National People's Congress, 2001, 2006, 2011, 2016, 1996)。尽管环境保护目标越来越重要并具有"约束性"，但经济发展与环境保护之间的关系对于深刻影响环境政治意愿的可持续性和环境目标的实现仍然至关重要。关键是如何协调各种目标，以最大限度地发挥其潜在的协同作用，并尽量减少冲突。二氧化硫减排和经济发展相互影响。首先，减排二氧化硫是经济发展的一个制约因素。能源消费和经济增长是二氧化硫排放的基本驱动因素，因此减排反过来会成为一个限制因素。其次，二氧化硫减排依赖于脱硫行业的出现和发展，后者可以切实提供脱硫技术手段，从而创造新的就业和经济机会。

在过去的四十年中，集中的计划经济也逐渐向分散的市场经济演变。各地政府在积极相互竞争，试图建立能够服务整个国家大市场的地方产业。四十年经济改革的一个关键特征是对市场的诸多限制逐渐放开。国有经济总体上一直在退缩，剩下的国有企业更受利润驱动，这一点与政府机构相比非常不同。中国的经济改革在近几十年创造了许多新市场，并极大地增强了市场在国民经济中的重要性。

如上所述，中国的二氧化硫减排路径无疑有助于实现相关目标。与此同时，新出现的脱硫产业也应有助于推进经济目标。与基于规则的治理相比，以目标为中心的治理导致对目标间协调的要求要低得多。中国的地方政府是主要的、分散的实体，为实现环境保护和经济目标而承担责任并采取激励措施。它们可以有更大的灵活性来调整其政策和行动，以更好地利用和适应不断变化的外部条件。

这些目标也是中国中央政府如何在环境保护和经济发展之间取得平衡的重要指标。当强调经济目标而非环境保护目标时，地方政府主要关注实现经济目标。这些目标在中央层面没有完全协调，但通常以自下而上的方式独立实施，也不要求中央具体部署如何协调，如中国脱硫行业发展所表现出的那样。地方政府将寻求适当的方法来平衡如何实现这两个目标。在分散的政策和市场演变下，各地可以利用各种机会不断尝试规避和解决困难。因此，以目标为中心的治理可以最大限度地发挥协同作用，并最大限度地减少各种目标和政府任务之间的冲突。

参 考 文 献

Arora, A. & Fosfuri, A. 2003. Licensing the market for technology. *Journal of Economic Behavior & Organization*, 52, 277-295.

Arora, A., Fosfuri, A. & Gambardella, A. 2001a. Markets for technology and their implications for corporate strategy. *Industrial and Corporate Change*, 10, 419-451.

Arora, A., Fosfuri, A. & Gambardella, A. 2001b. *Markets for technology: The economics of innovation and corporate strategy*. Cambridge, MA: MIT Press.

Arora, A. & Gambardella, A. 2010. Ideas for rent: An overview of markets for technology. *Industrial and Corporate Change*, 19, 775-803.

BP. 2019. *Statistical review of world energy* [Online]. Available: www.bp.com/en/global/corporate/energy-economics/statisticalreview-of-world-energy.html.

Chan, L. & Aldhaban, F. 2019. *Technology transfer to China: With case studies in the high-speed rail industry*. PICMET 2009 Proceedings, Portland, OR, August 2-6, 2858-2867.

China Wind Energy Association. 2012. *Statistics on China's wind turbine installation in 2011*. Beijing, China: China Wind Energy Association.

Chinese Wind Energy Equipment Association. 2011. *Chinese wind turbine generator system selection manual (edition 2011)*. Beijing, China: China Wind Energy Association.

Cooper, H. 2012. Obama orders Chinese company to end investment at sites near Drone Base. *New York Times*, September 28.

Dean, T. J. & Brown, R. L. 1995. Pollution regulation as a barrier to new firm entry-initial evidence and implications for future-research. *Academy of Management Journal*, 38, 288-303.

EIA. 1986- 2006. *Annual steam- electric plant operation and design data (Form EIA- 767)*. Washington, DC: U. S. Department of Energy.

EIA. 2007-2011. *Electric generator report data (form EIA-860)*. Washington, DC: U. S. Department of Energy.

EIA. 2012-2013. *Electric power annual 2010-2011*. Washington, DC: U. S. Department of Energy.

Gans, J. S. & Stern, S. 2010. Is there a market for ideas? *Industrial and Corporate Change*, 19, 805-837.

Gu, X. 2004. *A summary of installing SO$_2$ scrubbers in Luohuang power plant and the impact on the society and environment*. Annual conference of the Chinese Association of Science, Hainan, China.

GuizhouQiandong Power Station. 2005. *Tendering document for the flue gas desulfurization island*. Zhenyuan, Guizhou [Online]. Available: www. in-en. com/power/html/ power-2006200604145584. html [Accessed January 27, 2011].

Harney, A. 2008. *The China price: The true cost of Chinese competitive advantage*. New York: Penguin Press.

Harvey, I. 2008. *Intellectual property rights: The catalyst to deliver low carbon technologies*. Breaking the Climate Deadlock, Briefing Paper. London: The Climate Group.

He, J. 2006. Pollution haven hypothesis and environmental impacts of foreign direct investment: The case of industrial emission of sulfur dioxide (SO (2)) in Chinese provinces. *Ecological Economics*, 60, 228-245.

IEA & ERI. 2011. *China wind energy development roadmap 2050*. Paris, France: IEA, ERI.

Lefohn, A. S., Husar, J. D. & Husar, R. B. 1999. Estimating historical anthropogenic global sulfur emission patterns for the period 1850-1990. *Atmospheric Environment*, 33, 3435-3444.

Levinson, A. & Taylor, M. S. 2008. Unmasking the pollution haven effect. *International Economic Review*, 49, 223-254.

第七章 环境技术与产业

Lewis, J. I. 2007. Technology acquisition and innovation in the developing world: Wind turbine development in China and India. *Studies in Comparative International Deve-lopment*, 42, 208-232.

Li, J., Cai, F., Tang, W., Xie, H., Gao, H., Ma, L., Chang, Y. & Dong, L. *2011. China wind power outlook* 2011. Beijing, China: China Environmental Science Press.

Liang, W. 2001. Power equipment of the gigantic three Gorges project. *Proceedings of the Fifth International Conference on Electrical Machines and Systems*, 1, 676-678.

Liu, H. A., He, K. B., He, D. Q., Fu, L. X., Zhou, Y., Walsh, M. P. & Blumberg, K. O. 2008. Analysis of the impacts of fuel sulfur on vehicle emissions in China. *Fuel*, 87, 3147-3154.

Metz, B., Turkson, J. K. & Intergovernmental Panel on Climate Change, Working Group III. 2000. *Methodological and technological issues in technology transfer*. Cambridge and New York: Cambridge University Press.

Ministry of Education. 1999-2019. *Education statistics yearbook of China*. Beijing, China: Ministry of Education.

Ministry of Environmental Protection. 2008-2012. *The list of China's SO$_2$ scrubbers in coal-fired power plants*. Beijing, China: Ministry of Environmental Protection.

Ministry of Environmental Protection. 2011a. *China's capacities of water treatment plants, SO$_2$ scrubbers and NO$_x$ removal systems at coal power plants*. Beijing, China: Ministry of Environmental Protection.

Ministry of Environmental Protection. 2011b. *Statistical data on the environment*. Beijing, China: Ministry of Environmental Protection.

Ministry of Environmental Protection. 2014. *The list of China's SO2 scrubbers in coal-fired power plants*. Beijing, China: Ministry of Environmental Protection.

Mitsubishi Heavy Industries. 2011. *Delivery record* [Online]. Available: www. mhi. co. jp/ en/ products/pdf/delivery_ record. pdf [Accessed January 27, 2011].

National Bureau of Statistics. 1996-2019. *China statistical yearbook*. Beijing, China: China Statistics Press.

National Economic and Trade Commission. 2000. *Key planning points on flue gas desulfurization technologies and their localization (2000-2010)*. Beijing, China: National Economic and Trade Commission.

National Energy Administration. 2010. *A set of standards for wind energy in the energy sector*. Beijing, China: National Energy Administration.

National People's Congress. 1996. *Outlines of the 9th five-year plan and long-term goals in 2010 for economic and social development of the people's republic of China*. Beijing, China: The 4th Conference of the 10th National People's Congress.

National People's Congress. 2001. *The outline of national 10th five-year plan on economic and social developments.* Beijing, China: The 4th Conference of the 9th National People's Congress.

National People's Congress. 2006. *The outline of the national 11th five-year plan on economic and social development.* Beijing, China: The 4th Conference of the 10th National People's Congress.

National People's Congress. 2011. *The outline of the national 12th five-year plan on economic and social development.* Beijing, China: The 4th Conference of the 10th National People's Congress.

National People's Congress. 2016. *The outline of the 13th five-year plan on economic and social development.* Beijing, China: The 4th Conference of the 10th National People's Congress.

NDRC. 2008. *The 11th five-year plan on renewable energy.* Beijing, China: NDRC.

NDRC & SEPA. 2007. *Working plan on experimenting BOT management of flue gas desulfurization in coal power plants.* Beijing, China: State Environmental Protection Administration, NDRC.

Niu, Y., Dong, L. C. & Chen, R. 2012. Market entry barriers in China. *Journal of Business Research*, 65, 68-76.

Ockwell, D. G., Haum, R., Mallett, A. & Watson, J. 2010. Intellectual property rights and low carbon technology transfer: Conflicting discourses of diffusion and development. *Global Environmental Change-Human and Policy Dimensions*, 20, 729-738.

Roth, A. E. 2008. What have we learned from market design? *Economic Journal*, 118, 285-310.

Saggi, K. 2002. Trade, foreign direct investment, and international technology transfer: A survey. *World Bank Research Observer*, 17, 191-235.

SERC. 2006. *Capital costs of electric projects completed in the 10th five-year plan.* Beijing, China: SERC.

SERC. 2011. *Supervision report on wind electricity safety.* Beijing, China: SERC.

Shen, J. 2008. Trade liberalization and environmental degradation in China. *Applied Economics*, 40, 997-1004.

Shi, P. 2007. *Statistics on China's wind turbine installation in 2006.* Beijing, China: China Wind Energy Association.

Shu, H. 2003. SO_2 emission control for coal fired power plant. *Electrical Equipment*, 4, 4-8.

Sina Finance. 2010. *Informationon Insigma Technology Co., Ltd.* [Online]. Available: http://finance.sina.com.cn [Accessed February 9, 2011].

Srivastava, R. K., Jozewicz, W. & Singer, C. 2001. SO_2 scrubbing technologies: A review. *Environmental Progress*, 20, 219-228.

State Council. 2006. *The outline of national science and technology development plan in the middle and long term.* Beijing, China: State Council.

State Intellectual Property Office. 2010. *Database of patents granted in China.* Beijing, China [Online]. Available: www. sipo. gov. cn/sipo2008/zljs/ [Accessed July 2, 2010].

Stigler, G. J. 1971. The theory of economic regulation. *The Bell Journal of Economics and Management Science*, 2, 3-21.

Strokova, V. 2010. *International property rights index-2010 report.* Washington, DC: Americans for Tax Reform Foundation; Property Rights Alliance.

Teece, D. J. 1988. Capturing value from technological innovation-integration, strategic partnering, and licensing decisions. *Interfaces*, 18, 46-61.

United Nations. 1992. *United nations framework convention on climate change.* New York: United Nations.

U. S. Energy Information Administration. 2011. *Official energy statistics from the U. S. government.* Washington, DC [Online]. Available: www. eia. doe. gov/ [Accessed May 18, 2011].

WIPO. 2019. *WIPO statistics database* [Online]. Available: https://www. wipo. int/edocs/pubdocs/en/wipo_pub_943_2019. pdf.

Wiser, R. & Bolinger, M. 2012. *2011 wind technologies market report.* Washington, DC: U. S. Department of Energy.

Xu, F., Yi, B., Zhuang, D., Yang, M., Yan, J. & Yan, Z. 2006. *Survey report on the construction and operation of SO_2 scrubbers at coal power plants in the 10th five-year plan.* Beijing, China: The 4th Conference on Flue Gas Desulfurization Technologies.

Xu, Y. 2011a. China's functioning market for sulfur dioxide scrubbing technologies. *Environmental Science and Technology*, 45, 9161-9167.

Xu, Y. 2011b. Improvements in the operation of SO_2 scrubbers in China's coal power plants. *Environmental Science & Technology*, 45, 380-385.

Xu, Y. 2011c. The use of a goal for SO_2 mitigation planning and management in China's 11th five-year plan. *Journal of Environmental Planning and Management*, 54, 769-783.

Xu, Y. 2013. Comparative advantage strategy for rapid pollution mitigation in China. *Environmental Science & Technology*, 47, 9596-9603.

Xu, Y., Williams, R. H. & Socolow, R. H. 2009. China's rapid deployment of SO_2 scrubbers. *Energy & Environmental Science*, 459-465.

第八章　以目标为中心的治理

第一节　治理策略

中国经历了非常严重的环境危机，在过去十多年中也实现了大国中最快的二氧化硫减排速度，在净化空气和水方面取得了长足进展，同时能源系统不断获得从煤炭向可再生能源转型的动力。中国的经济规模四十多年来扩大了 40 倍以上，但是二氧化硫排放量却在十多年内下降到 20 世纪 70 年代末改革开放开始之前的水平。中央形成了强烈的环保政治意愿，在各项政府事务中越来越重视环境保护。整个中国政府从中央、省级、地市到区县各级都动员起来，积极推进环境改善。中央和各地方政府不断制定政策，而以往的政策执行不力的问题也得到了更有效的解决，政策实施效率大大提升。在燃煤发电领域，中国实现了脱硫设施基本全覆盖。更重要的是，脱硫设施原来的不正常运行问题也发生了逆转，达到了很高的二氧化硫去除率。另外，中国建立了最大的脱硫产业，提供了就业机会和经济产出。然而，二十多年前，在中国二氧化硫减排的早期阶段，很少有国内公司能够承接脱硫工程，也几乎没有任何国内商业化脱硫技术。国内企业积极设立并涌入新市场，寻求盈利。中国对知识产权保护的不足似乎并没有阻止发达国家企业广泛进行基于市场的技术许可。尽管存在许多问题，但过去二十多年中国在减少二氧化硫排放方面确实取得了巨大成功。环境治理的这些不同组成部分必须共同努力，才能达成目标。本书在评估了减排成果后，旨在解释减排路径。

传统理论可以很容易地解释中国的环境危机，但在理解环境改善过程方面存在困难。政府治理是形成强有力的政治意愿和促成减少污染的关键因素。然而，中国在政府治理绩效指数中往往远远落后于发达国家。因此，传统理论可以预计中国经济的快速增长将导致环境危机和二氧化硫超标排放，但之后比排放量速度更快的减排更令人惊讶，因为超出了传统理论的预期范畴。从政府治理的角度来看，中国并没有发生根本性的变化。尽管取得了一定的进展，但中国还远远没有达到与发达国家类似的基于规则治理的程度。

在西方普遍的传统印象中，中国政府是高度集权的，治理主要靠强有力的中央计划。在这个理论中，中国过去二十多年的环境改善可以从中央计划的角度来解释。中央政府可能已经设计了轨迹，然后其不受挑战的权威可以实施这样的设计。这种逻辑是，中国政府没有像那些发达国家那样的权力制衡机制，这使得中国的中央计划部门能够良好地协调各种决策者和实施者，设计出一条优化的道路。当国内脱硫企业很少时，中国政府对脱硫设施的正常运行并不做强制要求，以降低市场准入的技术门槛，实现脱硫产业本地化来提供升脱硫设施供应能力，并降低二氧化硫减排成本。当众多公司在市场上站稳脚跟后，污染物排放标准和其他法规变得更加严格，并狠抓落实，以更有效地实现二氧化硫减排。这些新兴的环保产业提供了新的经济增长点，并缓解了严格的环境保护政策对经济增长的负面影响。

然而，这种解释必须假设中国的中央计划制定者非常精干且消息灵通，但很少有证据表明这种高质量的无所不知的中央计划曾经存在过。作为发展中国家，中国的数据收集系统不如发达国家先进，特别是二十年前，无法为完美的中央计划提供足够的数据支持。中国的复杂性和规模也使得这种高水平的中央计划无法实现。改革开放前的中央集权和中央计划在实践中证明，其效果比改革开放后的分权和市场经济要逊色。因而，中央计划很难令人信服地解释中国能够在经济高速增长的情况下快速减排二氧化硫，同时建立起庞大的脱硫产业。

此外，考虑到发达国家二氧化硫减排轨迹是基于规则的环境治理的结果，如果用它来主要解释中国的减排轨迹，也会遇到很大困难。正如世界银行的治理指标和总体印象所表明的那样，中国的政府治理表现并不突出。发达国家在环境治理方面普遍存许多规则并基本得到遵守，而中国特别是十多年前还没有达到那样的发展程度。此外，在基于规则的治理下，虽然被规制实体根据规则做出自己单独的决定，但这些规则往往由立法机关和（或）法院作为法律或者由行政部门作为条例集中颁布。即使法制在社会中已经建立，基于规则的治理能否产生良好的效果，也取决于规则制定的质量。仅靠基于规则的治理并不能保证取得好的结果。设计不当的规则和无效的实施可能被证明是不可取的，而中国的政策制定在健全性方面还存在欠缺，协商过程也有待完善。

本书对中国的环境治理策略给出了不同的阐释。今天的中国已经放弃了曾经的苏联式中央计划。然而，基于规则的治理尚未得到很好的确立。新的法律和政策需要相当长的时间才能形成和稳固。例如，《中华人民共和国民法典》在 2020 年 5 月颁布前酝酿了几十年。与世界上两种主要治理策略都显著不同的是，一种新的治理策略已经在中国尝试并逐渐成熟，各种目标占据了中心舞台。这种以目标为中心的治理模式是集中和分散的混合体，比中央计划或基于规则的治理都能更好地解释中国的二氧化硫减排轨迹。

第二节　以目标为中心的治理

世界对中国的解读是两极分化的，尤其是当中国变得更强大、更有影响力时。一方深刻批判中国，指责中国治理中不遵循规则而显得杂乱，没有民主，立法机构是橡皮图章从而不能有效制衡政府，威权主义，没有充分尊重法制，等等。中国政府因没有遵循许多发达国家高度重视的规则而受到严厉批评，特别是与政治自由有关的规则。收入两极分化以及富人和有权势者的未制度化特权加剧了社会紧张局势。然而，另一方支持中国政府，因为他们看到了中国发展的许多积极成果。随着经济的快速和持续增长，中国社会福利制度得到了大幅改善，扩大了农村社区的医疗保险覆盖面，增加了退休养老金，消除了贫困。在过去的四十年里，个人自由空间飙升。中国居民现在可以享受上一代人无法想象的生活水平。他们可以自由选择生活、工作或旅行的地方，以及买卖交易。尽管分配不均，但绝大多数人从经济发展中获得了可观的回报。关于中国的这两种观点似乎都有强有力的证据来证实他们的说法。那么，我们如何用这两个两极分化的解读来理解中国呢？它们是否相互关联？中国如何进一步改革以拥抱更美好的未来？

对于循证的研究人员来说，对中国的负面看法主要是关于规则及其实施，而积极的观点主要由结果决定。尽管双方的论点并非所有都是无懈可击的，但都可以找到足够的证据来支持。二氧化硫减排或一般的环境保护是体现这种情况的政府事务之一。中国的快速减排令人惊讶，而且已从多个独立数据源（包括卫星数据）进行了验证。尽管积极的政策制定和有效实施对于实现二氧化硫减排目标至关重要，但许多政策失败或没有得到很好的实施。脱硫设施装机容量庞大，但初始阶段很多并未正常运行。在对中国治理的任何理解中，理论解释应该能够包涵双方的视角，且不能忽视对任意一方有利的证据。此外，这两个理论解释之间是否有因果联系？就中国而言，有利的结果是否必须伴随着许多政策失误？如果要求规则在付诸实施之前经过精心设计以及避免制定预期执行不力的政策，是否会影响有利结果的实现？

本书将中国解释为以目标为中心的治理策略。正如本书在关于中国二氧化硫减排的个别章节中探讨的那样，以目标为中心的治理有两个焦点，包括目标和政策，以目标为主导。明确的量化目标指导政策，政策实现目标。基于规则的治理也有这样的两个焦点，但目标是次要的。治理决策主要是制定预期会真正实施的规则。颁布的政策（或法规和法律）较少，政策制定可能更加集中，但往往起草得更仔细。结果是这些规则的隐含产物，但不是以明确目标的形式出现。

以目标为中心的治理模式可以从其组织机制、特征和适用性来理解。

一、组织机制

中国在环境治理方面有两只手：一只"有形的手"，另一只"无形的手"。二氧化硫减排和环境治理是"两手"同时抓实现的。作为"有形的手"，最高领导层设定了优先目标，但对细节没有具体部署，也没有对其路径选择提出严格的要求。目标的实现路径源于分散的利益相关者在看不见的治理之手指导下自下而上的努力，而非中央计划。市场的"无形的手"得到了广泛的认可和利用。理性的市场参与者最大化自身利益或利润，而这种分散的过程也导致社会整体经济利益的最大化。以目标为中心的治理可以模仿"无形的手"引导中央和地方政府实现目标。当它们在实现目标过程中自身的利益得到满足时，总体目标就趋于或实现，社会的整体利益也随之满足。更严格的目标应该对应更强的激励措施。为了最终实现环境质量的根本改善，环境目标必须在政府事务中长期居于优先地位，并越来越严格。如果目标改变，无形的治理之手将引导系统远离原始目标，走向新目标。

如图 8.1 所示，以目标为中心的治理包括三大支柱，即集中目标设定、分散目标实现以及分散的政策制定和实施。

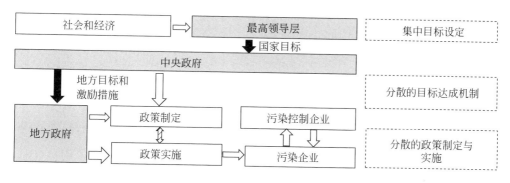

图 8.1　以目标为中心的治理模型示意图

首先，全国目标的制定过程高度集中。最高领导层以中共中央政治局及常务委员会为核心，负责制定至关重要的目标，并体现在五年计划/规划里。在这一阶段，不同目标之间的关系可以平衡。一些目标可能被优先考虑，这些目标与对地方领导人的绩效评估相对应。针对二氧化硫减排，中国最高领导层总体上对社会的需求做出了回应。当二氧化硫减排和环境保护的重要性升级时，相关目标也趋于严格。

其次，对于分散的目标实现，如二氧化硫减排和环境保护目标的情况所显示的那样，全国目标被分配给省级政府，然后再分配给下级地方政府。这些具体且有明确责任主体的量化目标指导着地方政府和相关部委的工作，相关奖惩措施也落实到位。中国共产党的组织在中央和省级政府及其他附属机构之间建立了核心的人事关系，从而发挥着至关重要的作用。此外，中央财政拨款也起到重要的作用。

最后，政策制定和实施高度分散。地方政府负有实现目标的责任，在决策特别是执行方面有足够的灵活性、权威和能力，而中央政府在政策执行方面较薄弱。因为政策制定、适用范围和实施的高度分散，与影响广泛的全国政策相比，在政策制定质量、政策工具最优选择、政策协调等方面的要求显著降低。作为一个发展中国家，中国尽管在不断取得进展，但还没有在这三个政策制定方面获得足够的优势。尚待完善的法制也表明，该制度既不要求也不确保政策的有效执行。政策之间也存在相互竞争，并随着实施的效果来选择和发展，对完成目标有显著贡献的政策会推广到其他地区甚至全国并逐渐深化，而效果不彰的政策会被弱化或取代。

二、特征

在以目标为中心的治理下，可能会出现几个关键特征。

第一，优先目标数量有限。整个中国政府从中央到地方各级的动员取决于对其目标实现绩效的可靠激励。任何额外的目标都可能摊薄现有目标的重要性和实现力度。因此，国家优先目标的数量受到限制，而省级政府和中央政府部委自己提出的第二级目标可能优先级相对较低。政府努力集中于那些高度优先的目标，而在目标较少或没有目标的领域，业绩可能大打折扣。

第二，政策制定是积极的，而每个政策都对目标的实现做出渐进而非决定性的贡献。地方政府（和中央部委）的任务是实现其所分配到的目标。激励措施主要与目标的实现有关，而政策制定和执行中的偏差可以得到更宽松的对待。此外，在从中央逐渐向地方放权的制度安排下，地方政府在政策制定、采用、创新和学习方面也具有很大的权威和灵活性。这些有利条件鼓励积极的政策制定，如二氧化硫减排中体现的那样。由于承担实现目标责任的是地方政府，而不是地方环保部门，因此可以协调多个部门来制定可能有助于二氧化硫减排的专门政策。生态环境部及其前身及其他中央部委也一直在积极尝试新的政策工具。1990 年《〈清洁空气法〉修正案》的酸雨计划及其先前版本中的政策在美国二氧化硫减排中承担了关键角色，但中国没有单一的如此重要的减排政策。中国的二氧化硫减排目标是通过众多政策实现的，而每个政策的贡献渐进式积累。

第三，政策有失误，其实施也有选择性。这或许可以看作以目标为中心的治理策略的必要成本，尤其是中国仍处于加强政策制定质量和政策执行有效性的过程中。政策的失误或者效果不彰可能由很多原因造成。政策设计本身可能不那么成熟。政策制定权的下放也表明，并非所有决策者（特别是地方政府的决策者）都有足够的政策研究支持。实施过程可能会遇到各种意外或预期阻碍，或受制于执法能力。确保个别政策的忠实执行只是地方政府的次要优先事项。如果某项政策的良好执行对目标有重大贡献，该政策将会得到更多重视。在推动二氧化硫减排的过程中，相关政策首先侧重的是脱硫设施的安装，当设施普及到一定程度后才开始抓设备的运行。以二氧化硫减排目标为重点，环境政策执行能力得到加强是一个渐进的过程，政府逐渐积极采用新的环境合规监测技术。

第四，对目标协调的要求较低。尽管都对二氧化硫减排有显著影响，产业、能源和环境政策在实现其各自目标的过程中通常是彼此独立的。针对一个或多个目标的各种政策可能会产生协同作用或冲突。在以目标为中心的二氧化硫减排治理中，政策协调在很大程度上不是集中进行的。相互冲突的政策无法执行到位，无法对目标的实现做出积极贡献，因此会被弱化甚至取消。那些具有协同作用的兼容政策将从地方一级扩大到国家一级，或从一个区域借鉴到另一个区域。换言之，这种政策协调主要不是通过中央计划的统一设计来实现的，而是通过实施进行选择和自下而上的演化来实现的。

第五，对信息可获得性和可度量性的要求较低，道德风险能够得到更好的控制。与目标实现的最终结果评估相比，目标实现的过程中政策制定和实施所需要的数据密集程度要高得多。如二氧化硫减排情况所示，目标实施过程有很大的不确定性，许多潜在因素可能会影响最终结果。在以目标为中心的治理下，目标主要集中在那些可度量的结果指标上，如二氧化硫排放和空气质量，这些结果而非过程的指标大大减少了考核时所需的信息。

与书中提出的问题相对应，好的结果和不顺利的政策路径并存令人费解，因为它们无法用基于规则或中央计划的治理模型来正确解释，而以目标为中心的治理模型可以达成较好的理论理解。特别是中国作为一个发展中国家，如果该治理体系对政策制定和实施中的问题容忍度非常低，那么有利的结果确实可能会大打折扣。然而，当中国逐步获得高质量政策制定和有效政策实施的能力时，相关政策偏差的代价可以降低。

三、适用性

以目标为中心的治理体系可能在三种情况下遭遇危机。

首先，政府优先目标的实现没有带来社会想要的结果。最高领导层所确认的目标可能会滞后或领先于需求或者与之脱节，如果差距太大，这一治理体系可能难以有效运作。这种担忧与中国制度背景的争论密切相关。二十年前，由于中国要比现在经济落后得多，公众优先考虑经济增长和就业而不是环境保护，环境目标的排名远低于经济目标。当公众开始更加关注生活质量和清洁环境时，环境目标相应在政府事务中排名前移。但目标也不必与社会期望完全相同。例如，财政税收的长期最大化可以与提高公众的生活水平相容。

其次，分散的目标实现制度不能有效运作。中央政府可能无法将优先目标有效传导给地方政府。地方政府和中央部委的运作也有可能失灵，或者没有有效的措施来激励或迫使它们为既定目标而努力。

最后，政策制定和实施过于集中，地方政府在选择自己实现目标路径方面的灵活性或能力非常有限。中央制定的政策如果强制要求以统一的标准执行，可能会因地区间的差异而相去甚远，从而降低其有效性和效率。积极的政策制定、创新和学习可能会因过度集权、中央的过多干预或对其中错误的容忍程度低而受到抑制。当决策权、财政收入/支出和有能力的官员都集中在中央政府时，地方政府可能无法很好地履行职责。富裕地区的地方政府可以吸引有能力的专业人员或在政策制定和实施方面建立足够的能力，以实现其给定的目标。然而，中国在经济发展方面存在显著的地区差异。如果没有中央的支持，经济落后的地区很可能将无法有效和高效地利用政策及技术工具。

以目标为中心的治理主要针对没有既定有效政策的全新且不断发展的政府事务。与二十多年前相比，中国已经设计、制定和实施了许多二氧化硫减排和其他环境目标的政策，最终使减排二氧化硫成为例行的政府事务，例如火力发电厂的污染物排放标准。这些经过检验的政策和相应加强后的实施体系，将为环境保护的不断推进奠定基础。然后，以目标为中心的治理可以逐渐让位于基于规则的治理，并且当一个重要目标基本实现后，其他相关政府事务可以通过优先目标受到更多关注。近二十年来，中国五年规划的关键环境目标已经从"十一五"规划（2006-2010年）中的二氧化硫和化学需氧量，扩展到"十二五"规划（2011-2015年）中的氨氮（NH_3-N）和氮氧化物（NO_x），以及"十三五"规划（2016-2020年）中的水质等级、空气质量指数和细颗粒物（$PM_{2.5}$）浓度（National People's Congress，2006，2011，2016）。

随着环保工作的推进，"十四五"规划（2021-2025年）中取消了二氧化硫减排目标，也就不足为奇了。

与基于规则的治理体系相比，以目标为中心的治理已被证明是令中国快速脱离不利局面的有效策略。从另一个角度来看，这是中国未来实现更可持续的、基于规则的有效和高效治理策略的探路策略。随着新问题的不断出现，这种策略也将成为中国未来治理的关键策略。

以目标为中心的治理策略能够较好地用于具有以下特点的政府事务：①新近确定的优先政府事务或其他变化迅速、需要持续关注的事务；②政策尚未成熟、政策制定尚未达到一定质量或者数据和政策研究支持不足的发展中国家；③规模庞大且确实需要多级政府的国家，同时中央政府能够对地方政府施加足够的激励措施来鼓励政策创新，且目标评价大体上是公平的，有良好的数据支持，对官员的奖励主要基于业绩（任人唯才）；④制度对政策制定和执行中的失误更宽容，主要关注结果，过程居于次要地位；⑤地方政府有能力进行政策创新，在政策执行方面有足够的资源。

联邦制国家可能不适用这种治理模式，因为激励措施很可能不足以让联邦政府有效激励州政府。小国也可能不需要这种治理策略，因为中央政府更接近社会。对于已经建立健全法制的国家来说，以目标为中心的治理可能也不会占据中心位置，因为基于规则的治理体系对政策制定和执行中的错误容忍度较低，而积极的政策创新可能遇到更多的错误和失败。在政策制定和执行方面高度集中的国家也可能限制这种自下而上的努力。以目标为中心的治理模式在发达国家也可能适用，但如果地方政府之间没有足够的动力和激励相互竞争，其应用可能会受到很大的限制。

尽管其适用性受到限制，但具有不同制度和发展背景的国家各级政府仍然可以从以目标为中心的治理策略中汲取经验，并将确定的量化目标应用在治理的组织中。虽然现有规则会加上各种限制，但法制健全的国家同样能够鼓励分散的政策创新和竞争。

四、与其他理论的比较

本研究在建立并发展以目标为中心的治理模型中，从早期的理论探索中受益匪浅，但也有独到之处。

社会心理学中的目标设定理论是一个重要的基础（Latham et al.，2008；Latham and Yukl，1975；Locke and Latham，1990，2002；Locke et al.，1981）。目标设定理论主要强调目标如何提高个人的任务绩效，而以目标为中心的治理则主要关注地方政府、中央部委和其他政府机构的绩效。此外，后者非常注重这些分权后的利益攸关者在利用政策实现目标方面的灵活性。

以目标为中心的治理模式可以被视为具有明确方向的实用主义的具体应用（Alford and Hughes，2008），它将目标置于中心位置而政策居于辅助地位。评估政策的标准是基于它们是否有助于、损害或不影响实际情况下的目标实现，而不是基于事先的优化选择。政策创新、竞争、修订、学习和扩展是常见的，为达成目标很少明确依赖某个具体政策。这种治理模式是邓小平"黑猫白猫"理论的延伸。邓小平被中国共产党正式认定为"中国社会主义改革开放和现代化建设的总设计师"。正如他那句名言所总结的那样，"不管黑猫白猫，能捉老鼠的就是好猫"。他对中国的经济改革主要关注中国能否以更快的速度走向繁荣。这种以目标为中心的治理通过目标指定明确的方向，但对于其实现路径的约束要少得多。孟子曰："人有不为也，而后可以有为。"（《孟子》）与这一儒家理论相呼应，以目标为中心的治理模式也强调特别是中央政府要有所为而有所不为，要有目标，但不要过多干涉地方政府施政，从而可以取长补短，实现好的治理成果。

这种治理模式还呼应了适应性治理和多中心治理，以在强调本地化解决方案时应对复杂性和不确定性（Dietz et al.，2003；Chaffin et al.，2014；Ostrom，2010）。以目标为中心的治理更强调在目标的指导下大力动员地方政府推动以分散和自下而上的方式寻求解决方案。与主张渐进式而非完美整体解决方案的比较优势战略相比（Xu，2013），以目标为中心的治理模式更具包容性，可以解释比较优势战略的实施条件及其实施效果和影响。地方政府和其他目标承担者之间的竞争借鉴了蒂布特的"用脚投票"模型（Tiebout Model）理论（Tiebout，1956），但存在诸多不同之处。竞争的激励不是来自当地居民的自下而上的"用脚投票"即人口迁移过程，而是来自自上而下的目标与考核。为了解释中国环保产业的发展，生态现代化理论可以提供另一种理解，将环境保护与经济现代化联系起来（Hajer，1995；Zhang et al.，

2007）。相比之下，以目标为中心的治理模式的解释是：尽管新公司在中国这样的发展中国家积极进入环保市场并为经济发展做出贡献，但是相关环境政策对环境产业的影响不是刻意规划的，环境和经济政策之间也不是刻意协调的。

渐进主义是建立以目标为中心的治理模型的另一个重要知识来源（Lindblom，1959，1979）。两者都不强调特意设计关键的政策来对实现目标产生决定性的影响，而主张每项政策都应渐进式积累。然而，以目标为中心的治理确实有明确的中心目标，政策制定并不是为了寻找优化的手段而集中做出的。相反，渐进式的改进由分权后的地方政府做出。以目标为中心的治理与约瑟夫·斯蒂格勒的经济监管理论是相容的（Stigler，1971），它解释了目标作为对制定政策的需求的外在动力来源，政策的供给是分散的，从而可以见证积极的政策制定、创新和竞争。

第三节　影　　响

在过去的两个世纪里，中国经历了多个不同的治理模式。

在付出了巨大的成本之后，中国逐步找到了一个有效的模式来治理这个拥有深厚制度历史的、庞大的、复杂的发展中国家。在从根本上扭转二氧化硫排放上升趋势以及解决多种环境危机方面，以目标为中心的治理模式的有效性和效率得到了证明。然而，这一治理模式也有两个潜在的风险。首先，目标的形成可能不是完全为了满足社会的需求。目前对环境保护的关注可能会被打断，届时整个治理体系将指向另一个方向。其次，过度集中和对政策错误的低容忍度可能会降低系统的有效性和效率。地方政府和其他政府机构在决策及执行的激励措施、权力与能力等方面可能会受到削弱，这可以从政策创新和学习是否仍然活跃上得到检验。

法国作家伏尔泰的一句名言是"完美是良好的敌人"。以目标为中心的治理模式远非完美。即使取得了巨大成功，这一进程也并非一帆风顺。然而，正如中国所尝试的那样，由于不确定性、复杂性和数据不足造成的困难，尽管它们在另一个国家的环境中运作良好，其他治理模式可能很难提供更好的结果。基于规则的治理对政策制定质量、政策工具的最佳选择和政策间的协调提出了很高的要求，但这些不适用于中国的国情，尤其是处理二氧化硫减排和环境改善等重大问题的早期阶段。以目标为中心的治理是一个"良好"的模式，但肯定不是一个"完美"的模式。特别是对于在政策制定和执行方面存在许多漏洞的发展中国家来说，这种行之有效的"良好"模式为组织治理实现社会目标提供了一种充满希望的方式，而"完美"的治理模式可能无法实现。追求完美不应该成为一个国家变得更好的障碍。

几十年积累的环境危机不可能在一朝之内解决。逐步形成和通过检验的目标中心治理模式为我国从根本上解决环境恶化问题提供了可行途径。自"九五"计划（1996–2000 年）以来，二氧化硫减排措施已经跨越了多个五年计划/规划。公众对环境质量的要求越来越高，中国的最高领导层也在很大程度上支持国家目标以满足这种需求。预计环境目标仍将是中国政府事务中的重要部分。

气候变化是一个比任何传统的空气或水污染都要严重和困难的环境问题。自"十二五"规划（2011–2015 年）以来，这种以目标为中心的治理模式也被用于解决中国温室气体的减排问题，当时二氧化碳排放强度在五年内降低17%的目标首次被写入国家规划（National People's Congress，2011）。目标的实现、政策制定和执行也高度分散。市场一直在积极利用二氧化碳减排带来的经济机会来开发、部署和创新技术，例如可再生能源、电动汽车和能源效率。与二氧化硫减排类似，二氧化碳减排也有集中目标，同时其实际实现过程在很大程度上是分散的。预计这种以目标为中心的治理模式也将使中国最终成功实现有效应对气候变化和温室气体减排。

参 考 文 献

Alford，J. & Hughes，O. 2008. Public value pragmatism as the next phase of public management. *American Review of Public Administration*，38，130-148.

Chaffin，B. C.，Gosnell，H. & Cosens，B. A. 2014. A decade of adaptive governance scholarship：Synthesis and future directions. *Ecology and Society*，19.

Dietz，T.，Ostrom，E. & Stern，P. C. 2003. The struggle to govern the commons. *Science*，302，1907-1912.

Hajer，M. A. 1995. *The politics of environmental discourse*：*Ecological modernization and the policy process*. Oxford and New York：Clarendon Press，Oxford University Press.

Huang, R. 1981. *1587, a year of no significance: The Ming dynasty in decline.* New Haven: Yale University Press.

Latham, G. P., Borgogni, L. & Petitta, L. 2008. Goal setting and performance management in the public sector. *International Public Management Journal*, 11, 385-403, 113.

Latham, G. P. & Yukl, G. A. 1975. Review of research on application of goal setting in organizations. *Academy of Management Journal*, 18, 824-845.

Lindblom, C. E. 1959. The science of muddling through. *Public Administration Review*, 19, 79-88.

Lindblom, C. E. 1979. Still muddling, not yet through. *Public Administration Review*, 39, 517-526.

Locke, E. A. & Latham, G. P. 1990. *A theory of goal setting & task performance.* Englewood Cliffs, NJ: Prentice Hall.

Locke, E. A. & Latham, G. P. 2002. Building a practically useful theory of goal setting and task motivation- A 35-year odyssey. *American Psychologist*, 57, 705-717.

Locke, E. A., Saari, L. M., Shaw, K. N. & Latham, G. P. 1981. Goal setting and task-performance-1969-1980. *Psychological Bulletin*, 90, 125-152.

National People's Congress. 2006. *The outline of the national 11th five-year plan on economic and social development.* Beijing, China: The 4th Conference of the 10th National People's Congress.

National People's Congress. 2011. *The outline of the national 12th five-year plan on economic and social development.* Beijing, China: The 4th Conference of the 10th National People's Congress.

National People's Congress. 2016. *The outline of the 13th five- year plan on economic and social development.* Beijing, China: The 4th Conference of the 10th National People's Congress.

Ostrom, E. 2010. Beyond markets and states: Polycentric governance of complex economic systems. *American Economic Review*, 100, 641-672.

Stigler, G. J. 1971. The theory of economic regulation. *The Bell Journal of Economics and Management Science*, 2, 3-21.

Tiebout, C. M. 1956. A pure theory of local expenditures. *Journal of Political Economy*, 64, 416-424.

Xu, Y. 2013. Comparative advantage strategy for rapid pollution mitigation in China. *Environmental Science & Technology*, 47, 9596-9603.

Zhang, L., Mol, A. P. J. & Sonnenfeld, D. A. 2007. The interpretation of ecological modernisation in China. *Environmental Politics*, 16, 659-668.

索　引

索

引